国家出版基金项目

绿色制造丛书

组织单位 | 中国机械工程学会

国家出版基金项目
NATIONAL PUBLICATION FOUNDATION

绿色制造工艺与装备

单忠德　刘　丰　孙启利　编著

机械工业出版社

CHINA MACHINE PRESS

本书是"绿色制造丛书"的重要组成部分,由国家出版基金资助完成。本书针对绿色制造工艺与装备中的部分理论方法、工艺技术、系统装备以及典型绿色制造案例进行了总结梳理,分析了绿色制造工艺与装备的国内外发展现状以及未来发展趋势,旨在推动制造业可持续制造与高质量发展,为更好、完整、准确、全面地贯彻新发展理念,做好碳达峰、碳中和工作贡献力量。全书共 5 章,分别为绿色制造工艺与装备发展、绿色铸造工艺与装备、绿色塑性成形制造工艺与装备、绿色焊接工艺与装备、绿色切削加工工艺与装备。

本书可作为绿色制造相关管理决策人员、生产技术人员、科学研究人员以及高等院校相关专业师生的参考用书。

图书在版编目（CIP）数据

绿色制造工艺与装备/单忠德,刘丰,孙启利编著.—北京:
机械工业出版社,2022.6（2024.8 重印）
（国家出版基金项目·绿色制造丛书）
ISBN 978-7-111-70843-8

Ⅰ.①绿⋯　Ⅱ.①单⋯②刘⋯③孙⋯　Ⅲ.①机械制造
工艺-无污染技术-研究　Ⅳ.①TH16

中国版本图书馆 CIP 数据核字（2022）第 090406 号

机械工业出版社（北京市百万庄大街 22 号　邮政编码 100037）
策划编辑：郑小光　　　　　责任编辑：郑小光　杜丽君　安桂芳
责任校对：陈　越　李　婷　责任印制：李　昂
河北宝昌佳彩印刷有限公司印刷
2024 年 8 月第 1 版第 2 次印刷
169mm×239mm·13.5 印张·211 千字
标准书号：ISBN 978-7-111-70843-8
定价：70.00 元

电话服务　　　　　　　　　网络服务
客服电话：010-88361066　机　工　官　网：www.cmpbook.com
　　　　　010-88379833　机　工　官　博：weibo.com/cmp1952
　　　　　010-68326294　金　书　网：www.golden-book.com
封底无防伪标均为盗版　机工教育服务网：www.cmpedu.com

"绿色制造丛书" 编撰委员会

主 任
宋天虎　中国机械工程学会
刘　飞　重庆大学

副主任（排名不分先后）
陈学东　中国工程院院士，中国机械工业集团有限公司
单忠德　中国工程院院士，南京航空航天大学
李　奇　机械工业信息研究院，机械工业出版社
陈超志　中国机械工程学会
曹华军　重庆大学

委　员（排名不分先后）
李培根　中国工程院院士，华中科技大学
徐滨士　中国工程院院士，中国人民解放军陆军装甲兵学院
卢秉恒　中国工程院院士，西安交通大学
王玉明　中国工程院院士，清华大学
黄庆学　中国工程院院士，太原理工大学
段广洪　清华大学
刘光复　合肥工业大学
陆大明　中国机械工程学会
方　杰　中国机械工业联合会绿色制造分会
郭　锐　机械工业信息研究院，机械工业出版社
徐格宁　太原科技大学
向　东　北京科技大学
石　勇　机械工业信息研究院，机械工业出版社
王兆华　北京理工大学
左晓卫　中国机械工程学会
朱　胜　再制造技术国家重点实验室
刘志峰　合肥工业大学
朱庆华　上海交通大学

张洪潮　大连理工大学

李方义　山东大学

刘红旗　中机生产力促进中心

李聪波　重庆大学

邱　城　中机生产力促进中心

何　彦　重庆大学

宋守许　合肥工业大学

张超勇　华中科技大学

陈　铭　上海交通大学

姜　涛　工业和信息化部电子第五研究所

姚建华　浙江工业大学

袁松梅　北京航空航天大学

夏绪辉　武汉科技大学

顾新建　浙江大学

黄海鸿　合肥工业大学

符永高　中国电器科学研究院股份有限公司

范志超　合肥通用机械研究院有限公司

张　华　武汉科技大学

张钦红　上海交通大学

江志刚　武汉科技大学

李　涛　大连理工大学

王　蕾　武汉科技大学

邓业林　苏州大学

姚巨坤　再制造技术国家重点实验室

王禹林　南京理工大学

李洪丞　重庆邮电大学

"绿色制造丛书"编撰委员会办公室

主　任

刘成忠　陈超志

成　员（排名不分先后）

王淑芹　曹　军　孙　翠　郑小光　罗晓琪　李　娜　罗丹青　张　强　赵范心
李　楠　郭英玲　权淑静　钟永刚　张　辉　金　程

制造是改善人类生活质量的重要途径，制造也创造了人类灿烂的物质文明。

也许在远古时代，人类从工具的制作中体会到生存的不易，生命和生活似乎注定就是要和劳作联系在一起的。工具的制作大概真正开启了人类的文明。但即便在农业时代，古代先贤也认识到在某些情况下要慎用工具，如孟子言："数罟不入洿池，鱼鳖不可胜食也；斧斤以时入山林，材木不可胜用也。"可是，我们没能记住古训，直到 20 世纪后期我国乱砍滥伐的现象比较突出。

到工业时代，制造所产生的丰富物质使人们感受到的更多是愉悦，似乎自然界的一切都可以为人的目的服务。恩格斯告诫过：我们统治自然界，决不像征服者统治异民族一样，决不像站在自然以外的人一样，相反地，我们同我们的肉、血和头脑一起都是属于自然界，存在于自然界的；我们对自然界的整个统治，仅是我们胜于其他一切生物，能够认识和正确运用自然规律而已（《劳动在从猿到人转变过程中的作用》）。遗憾的是，很长时期内我们并没有听从恩格斯的告诫，却陶醉在"人定胜天"的臆想中。

信息时代乃至即将进入的数字智能时代，人们惊叹欣喜，日益增长的自动化、数字化以及智能化将人从本是其生命动力的劳作中逐步解放出来。可是蓦然回首，倏地发现环境退化、气候变化又大大降低了我们不得不依存的自然生态系统的承载力。

不得不承认，人类显然是对地球生态破坏力最大的物种。好在人类毕竟是理性的物种，诚如海德格尔所言：我们就是除了其他可能的存在方式以外还能够对存在发问的存在者。人类存在的本性是要考虑"去存在"，要面向未来的存在。人类必须对自己未来的存在方式、自己依赖的存在环境发问！

1987 年，以挪威首相布伦特兰夫人为主席的联合国世界环境与发展委员会发表报告《我们共同的未来》，将可持续发展定义为：既满足当代人的需要，又不对后代人满足其需要的能力构成危害的发展。1991 年，由世界自然保护联盟、联合国环境规划署和世界自然基金会出版的《保护地球——可持续生存战略》一书，将可持续发展定义为：在不超出支持它的生态系统承载能力的情况下改善人类的生活质量。很容易看出，可持续发展的理念之要在于环境保护、人的生存和发展。

世界各国正逐步形成应对气候变化的国际共识，绿色低碳转型成为各国实现可持续发展的必由之路。

中国面临的可持续发展的压力尤甚。经过数十年来的发展，2020年我国制造业增加值突破26万亿元，约占国民生产总值的26%，已连续多年成为世界第一制造大国。但我国制造业资源消耗大、污染排放量高的局面并未发生根本性改变。2020年我国碳排放总量惊人，约占全球总碳排放量30%，已经接近排名第2~5位的美国、印度、俄罗斯、日本4个国家的总和。

工业中最重要的部分是制造，而制造施加于自然之上的压力似乎在接近临界点。那么，为了可持续发展，难道舍弃先进的制造？非也！想想庄子笔下的圃畦丈人，宁愿抱瓮舀水，也不愿意使用桔槔那种杠杆装置来灌溉。他曾教训子贡："有机械者必有机事，有机事者必有机心。机心存于胸中，则纯白不备；纯白不备，则神生不定；神生不定者，道之所不载也。"（《庄子·外篇·天地》）单纯守纯朴而弃先进技术，显然不是当代人应守之道。怀旧在现代世界中没有存在价值，只能被当作追逐幻境。

既要保护环境，又要先进的制造，从而维系人类的可持续发展。这才是制造之道！绿色制造之理念如是。

在应对国际金融危机和气候变化的背景下，世界各国无论是发达国家还是新型经济体，都把发展绿色制造作为赢得未来产业竞争的关键领域，纷纷出台国家战略和计划，强化实施手段。欧盟的"未来十年能源绿色战略"、美国的"先进制造伙伴计划2.0"、日本的"绿色发展战略总体规划"、韩国的"低碳绿色增长基本法"、印度的"气候变化国家行动计划"等，都将绿色制造列为国家的发展战略，计划实施绿色发展，打造绿色制造竞争力。我国也高度重视绿色制造，《中国制造2025》中将绿色制造列为五大工程之一。中国承诺在2030年前实现碳达峰，2060年前实现碳中和，国家战略将进一步推动绿色制造科技创新和产业绿色转型发展。

为了助力我国制造业绿色低碳转型升级，推动我国新一代绿色制造技术发展，解决我国长久以来对绿色制造科技创新成果及产业应用总结、凝练和推广不足的问题，中国机械工程学会和机械工业出版社组织国内知名院士和专家编写了"绿色制造丛书"。我很荣幸为本丛书作序，更乐意向广大读者推荐这套丛书。

编委会遴选了国内从事绿色制造研究的权威科研单位、学术带头人及其团队参与编著工作。丛书包含了作者们对绿色制造前沿探索的思考与体会，以及对绿色制造技术创新实践与应用的经验总结，非常具有前沿性、前瞻性和实用性，值得一读。

丛书的作者们不仅是中国制造领域中对人类未来存在方式、人类可持续发展的发问者，更是先行者。希望中国制造业的管理者和技术人员跟随他们的足迹，通过阅读丛书，深入推进绿色制造！

华中科技大学　李培根
2021 年 9 月 9 日于武汉

丛书序二

在全球碳排放量激增、气候加速变暖的背景下，资源与环境问题成为人类面临的共同挑战，可持续发展日益成为全球共识。发展绿色经济、抢占未来全球竞争的制高点，通过技术创新、制度创新促进产业结构调整，降低能耗物耗、减少环境压力、促进经济绿色发展，已成为国家重要战略。我国明确将绿色制造列为《中国制造2025》五大工程之一，制造业的"绿色特性"对整个国民经济的可持续发展具有重大意义。

随着科技的发展和人们对绿色制造研究的深入，绿色制造的内涵不断丰富，绿色制造是一种综合考虑环境影响和资源消耗的现代制造业可持续发展模式，涉及整个制造业，涵盖产品整个生命周期，是制造、环境、资源三大领域的交叉与集成，正成为全球新一轮工业革命和科技竞争的重要新兴领域。

在绿色制造技术研究与应用方面，围绕量大面广的汽车、工程机械、机床、家电产品、石化装备、大型矿山机械、大型流体机械、船用柴油机等领域，重点开展绿色设计、绿色生产工艺、高耗能产品节能技术、工业废弃物回收拆解与资源化等共性关键技术研究，开发出成套工艺装备以及相关试验平台，制定了一批绿色制造国家和行业技术标准，开展了行业与区域示范应用。

在绿色产业推进方面，开发绿色产品，推行生态设计，提升产品节能环保低碳水平，引导绿色生产和绿色消费。建设绿色工厂，实现厂房集约化、原料无害化、生产洁净化、废物资源化、能源低碳化。打造绿色供应链，建立以资源节约、环境友好为导向的采购、生产、营销、回收及物流体系，落实生产者责任延伸制度。壮大绿色企业，引导企业实施绿色战略、绿色标准、绿色管理和绿色生产。强化绿色监管，健全节能环保法规、标准体系，加强节能环保监察，推行企业社会责任报告制度。制定绿色产品、绿色工厂、绿色园区标准，构建企业绿色发展标准体系，开展绿色评价。一批重要企业实施了绿色制造系统集成项目，以绿色产品、绿色工厂、绿色园区、绿色供应链为代表的绿色制造工业体系基本建立。我国在绿色制造基础与共性技术研究、离散制造业传统工艺绿色生产技术、流程工业新型绿色制造工艺技术与设备、典型机电产品节能减排技术、退役机电产品拆解与再制造技术等方面取得了较好的成果。

但是作为制造大国,我国仍未摆脱高投入、高消耗、高排放的发展方式,资源能源消耗和污染排放与国际先进水平仍存在差距,制造业绿色发展的目标尚未完成,社会技术创新仍以政府投入主导为主;人们虽然就绿色制造理念形成共识,但绿色制造技术创新与我国制造业绿色发展战略需求还有很大差距,一些亟待解决的主要问题依然突出。绿色制造基础理论研究仍主要以跟踪为主,原创性的基础研究仍较少;在先进绿色新工艺、新材料研究方面部分研究领域有一定进展,但颠覆性和引领性绿色制造技术创新不足;绿色制造的相关产业还处于孕育和初期发展阶段。制造业绿色发展仍然任重道远。

本丛书面向构建未来经济竞争优势,进一步阐述了深化绿色制造前沿技术研究,全面推动绿色制造基础理论、共性关键技术与智能制造、大数据等技术深度融合,构建我国绿色制造先发优势,培育持续创新能力。加强基础原材料的绿色制备和加工技术研究,推动实现功能材料特性的调控与设计和绿色制造工艺,大幅度地提高资源生产率水平,提高关键基础件的寿命、高分子材料回收利用率以及可再生材料利用率。加强基础制造工艺和过程绿色化技术研究,形成一批高效、节能、环保和可循环的新型制造工艺,降低生产过程的资源能源消耗强度,加速主要污染排放总量与经济增长脱钩。加强机械制造系统能量效率研究,攻克离散制造系统的能量效率建模、产品能耗预测、能量效率精细评价、产品能耗定额的科学制定以及高能效多目标优化等关键技术问题,在机械制造系统能量效率研究方面率先取得突破,实现国际领先。开展以提高装备运行能效为目标的大数据支撑设计平台,基于环境的材料数据库、工业装备与过程匹配自适应设计技术、工业性试验技术与验证技术研究,夯实绿色制造技术发展基础。

在服务当前产业动力转换方面,持续深入细致地开展基础制造工艺和过程的绿色优化技术、绿色产品技术、再制造关键技术和资源化技术核心研究,研究开发一批经济性好的绿色制造技术,服务经济建设主战场,为绿色发展做出应有的贡献。开展铸造、锻压、焊接、表面处理、切削等基础制造工艺和生产过程绿色优化技术研究,大幅降低能耗、物耗和污染物排放水平,为实现绿色生产方式提供技术支撑。开展在役再设计再制造技术关键技术研究,掌握重大装备与生产过程匹配的核心技术,提高其健康、能效和智能化水平,降低生产过程的资源能源消耗强度,助推传统制造业转型升级。积极发展绿色产品技术,研究开发轻量化、低功耗、易回收等技术工艺，研究开发高效能电机、锅炉、内燃机及电器等终端用能产品，研究开发绿色电子信息产品，引导绿色消费。开展新型过程绿色化技术研究，全面推进钢铁、化工、建材、轻工、印染等行业绿色制造流程技术创新，新型化工过程强化技术节能环保集成优化技术创新。开展再制造与资源化技术研究，研究开发新一代再制造技术与装备，深入推进废旧汽车（含新能源汽车）零部件和退役机电产品回收逆向物流系统、拆解/破碎/分离、高附加值资源化等关键技术与装备研究并应用示范，实现机电、汽车等产品的可拆卸和易回收。研究开发钢铁、冶金、石化、轻工等制造流程副产品绿色协同处理与循环利用技术，提高流程制造资源高效利用绿色产业链技术创新能力。

在培育绿色新兴产业过程中，加强绿色制造基础共性技术研究，提升绿色制造科技创新与保障能力，培育形成新的经济增长点。持续开展绿色设计、产品全生命周期评价方法与工具的研究开发，加强绿色制造标准法规和合格评判程序与范式研究，针对不同行业形成方法体系。建设绿色数据中心、绿色基站、绿色制造技术服务平台，建立健全绿色制造技术创新服务体系。探索绿色材料制备技术，培育形成新的经济增长点。开展战略新兴产业市场需求的绿色评价研究，积极引领新兴产业高起点绿色发展，大力促进新材料、新能源、高端装备、生物产业绿色低碳发展。推动绿色制造技术与信息的深度融合，积极发展绿色车间、绿色工厂系统、绿色制造技术服务业。

非常高兴为本丛书作序。我们既面临赶超跨越的难得历史机遇，也面临差距拉大的严峻挑战，唯有勇立世界技术创新潮头，才能赢得发展主动权，为人类文明进步做出更大贡献。相信这套丛书的出版能够推动我国绿色科技创新，实现绿色产业引领式发展。绿色制造从概念提出至今，取得了长足进步，希望未来有更多青年人才积极参与到国家制造业绿色发展与转型中，推动国家绿色制造产业发展，实现制造强国战略。

中国机械工业集团有限公司　陈学东

2021 年 7 月 5 日于北京

丛书序三

　　绿色制造是绿色科技创新与制造业转型发展深度融合而形成的新技术、新产业、新业态、新模式，是绿色发展理念在制造业的具体体现，是全球新一轮工业革命和科技竞争的重要新兴领域。

　　我国自 20 世纪 90 年代正式提出绿色制造以来，科学技术部、工业和信息化部、国家自然科学基金委员会等在"十一五""十二五""十三五"期间先后对绿色制造给予了大力支持，绿色制造已经成为我国制造业科技创新的一面重要旗帜。多年来我国在绿色制造模式、绿色制造共性基础理论与技术、绿色设计、绿色制造工艺与装备、绿色工厂和绿色再制造等关键技术方面形成了大量优秀的科技创新成果，建立了一批绿色制造科技创新研发机构，培育了一批绿色制造创新企业，推动了全国绿色产品、绿色工厂、绿色示范园区的蓬勃发展。

　　为促进我国绿色制造科技创新发展，加快我国制造企业绿色转型及绿色产业进步，中国机械工程学会和机械工业出版社联合中国机械工程学会环境保护与绿色制造技术分会、中国机械工业联合会绿色制造分会，组织高校、科研院所及企业共同策划了"绿色制造丛书"。

　　丛书成立了包括李培根院士、徐滨士院士、卢秉恒院士、王玉明院士、黄庆学院士等 50 多位顶级专家在内的编委会团队，他们确定选题方向，规划丛书内容，审核学术质量，为丛书的高水平出版发挥了重要作用。作者团队由国内绿色制造重要创导者与开拓者刘飞教授牵头，陈学东院士、单忠德院士等 100余位专家学者参与编写，涉及 20 多家科研单位。

　　丛书共计 32 册，分三大部分：① 总论，1 册；② 绿色制造专题技术系列，25 册，包括绿色制造基础共性技术、绿色设计理论与方法、绿色制造工艺与装备、绿色供应链管理、绿色再制造工程 5 大专题技术；③ 绿色制造典型行业系列，6 册，涉及压力容器行业、电子电器行业、汽车行业、机床行业、工程机械行业、冶金设备行业等 6 大典型行业应用案例。

　　丛书获得了 2020 年度国家出版基金项目资助。

　　丛书系统总结了"十一五""十二五""十三五"期间，绿色制造关键技术与装备、国家绿色制造科技重点专项等重大项目取得的基础理论、关键技术和装备成果，凝结了广大绿色制造科技创新研究人员的心血，也包含了作者对绿色制造前沿探索的思考与体会，为我国绿色制造发展提供了一套具有前瞻性、系统性、实用性、引领性的高品质专著。丛书可为广大高等院校师生、科研院所研发人员以及企业工程技术人员提供参考，对加快绿色制造创新科技在制造业中的推广、应用，促进制造业绿色、高质量发展具有重要意义。

当前我国提出了 2030 年前碳排放达峰目标以及 2060 年前实现碳中和的目标，绿色制造是实现碳达峰和碳中和的重要抓手，可以驱动我国制造产业升级、工艺装备升级、重大技术革新等。因此，丛书的出版非常及时。

绿色制造是一个需要持续实现的目标。相信未来在绿色制造领域我国会形成更多具有颠覆性、突破性、全球引领性的科技创新成果，丛书也将持续更新，不断完善，及时为产业绿色发展建言献策，为实现我国制造强国目标贡献力量。

中国机械工程学会　宋天虎
2021 年 6 月 23 日于北京

前　言

　　生态环境是人类生存和发展的根基。为更好地实现人与自然的和谐共生，需要高质量构建人与自然的生命共同体。世界各国高度关注制造业绿色、低碳、可持续发展和高质量发展。国家主席习近平在 2020 年 9 月 22 日第 75 届联合国大会一般性辩论上宣布，中国二氧化碳排放力争于 2030 年前达到峰值，努力争取 2060 年前实现碳中和。《中共中央　国务院关于完整准确全面贯彻新发展理念做好碳达峰碳中和工作的意见》提出了我国实现碳达峰碳中和的任务目标、时间节点和政策路线。

　　近年来，工业和信息化部、科学技术部等部委实施了绿色制造相关专项项目，开展绿色制造相关技术与装备创新研究，推动传统制造工艺绿色化提升，建立绿色制造车间、绿色工厂和绿色制造园区，有效地推动了我国制造业的绿色低碳发展。机械工业是制造业的重要基础，机械工业绿色低碳发展水平直接影响制造业的绿色化水平。要实现机械工业绿色化发展，就需要创新发展绿色制造材料、绿色制造工艺、绿色制造系统装备，需要建设绿色制造生产线、车间及工厂进行应用示范与应用推广。为更好地推动从绿色低碳发展理念到绿色低碳发展行动，面向机械工业推动绿色制造中的材料、工艺、装备等创新研究及成果推广应用，本书总结了近年来绿色制造工艺与装备方面的部分科研成果以及国内外相关大学、科研机构、企业、行业协会学会开展的相关科学研究、发展规划和应用案例等，分析了绿色制造工艺与装备发展现状与发展趋势，以便读者借鉴学习与参考，为推动我国制造业高质量发展、生态文明建设，推动全球绿色低碳发展和共建人类命运共同体贡献智慧与力量。

　　本书由单忠德、刘丰、孙启利编著。在本书编著过程中，刘阳、刘丽敏、杨浩秦、董晓传、孙福臻、郭训忠、程诚、廖万能、何祝斌、龙伟民、任永新、司晓庆、曹华军、王禹林、袁松梅、何宁、梁忠伟、吴进军、战丽、张泉达等提供了部分资料，并做了许多工作，在此表示衷心感谢，同时也向本书中所引参考文献的作者致以诚挚的谢意。此外，本书收录了相关协会有关绿色制造方面的规划内容，在此感谢中国机械工业联合会、中国机械制造工艺协会、中国铸造协会、中国锻压协会对本书的支持。感谢国家出版基金项目的资助。

本书介绍的绿色制造工艺与装备发展情况，仅是冰山一角，加之作者水平有限，未能系统梳理大量绿色制造工艺与装备研究成果，书中难免有不妥之处，甚至引用标注不到位的地方，敬请广大读者批评指正，共同为建设人与自然的生命共同体多做奉献和贡献。

作　者

2022 年 4 月 16 日

目录 CONTENTS

丛书序一

丛书序二

丛书序三

前　言

第1章　绿色制造工艺与装备发展 ·························· 1

1.1　绿色制造的内涵及特征 ························· 3

　　1.1.1　绿色制造的内涵 ···················· 3

　　1.1.2　绿色制造的特征 ···················· 4

1.2　绿色制造工艺与装备的发展研究现状 ··········· 5

　　1.2.1　绿色制造工艺与装备提高能源资源利用率 ········· 7

　　1.2.2　绿色制造工艺与装备减少资源消耗和污染排放 ······· 10

　　1.2.3　绿色制造工艺与装备推进资源能源循环利用 ········ 13

1.3　绿色制造工艺与装备的发展趋势及发展建议 ······ 18

参考文献 ···································· 21

第2章　绿色铸造工艺与装备 ···················· 25

2.1　绿色铸造工艺与装备的总体发展情况 ··········· 26

2.2　绿色铸造材料 ······················· 28

2.3　数字化冷冻铸造成形技术 ················· 30

2.4　数字化砂型增材制造技术 ················· 36

　　2.4.1　基于选区激光烧结的砂型增材制造技术 ·········· 36

　　2.4.2　基于微滴喷射的砂型增材制造技术 ············ 38

2.5　无模铸造复合成形工艺与装备 ··············· 42

　　2.5.1　无模铸造复合成形工艺 ················· 43

　　2.5.2　多材质复合铸型工艺 ·················· 44

　　2.5.3　数字化无模铸造复合成形装备 ·············· 46

　　　2.5.4　无模铸造复合成形典型案例 ·················· 48

　2.6　数字化绿色铸造系统与装备 ····················· 54

　2.7　绿色铸造工艺与装备的发展趋势 ················· 62

　参考文献 ·· 65

第3章　绿色塑性成形制造工艺与装备 ················· 67

　3.1　绿色塑性成形制造工艺与装备的新发展 ··········· 68

　3.2　金属板材热冲压成形技术与装备 ················· 70

　　　3.2.1　超高强钢热冲压成形技术与装备 ··········· 70

　　　3.2.2　铝合金热冲压成形技术与装备 ············· 78

　3.3　金属板材柔性成形技术与装备 ··················· 82

　　　3.3.1　金属板材充液成形技术与装备 ············· 82

　　　3.3.2　复杂曲面构件渐进成形技术与装备 ········· 83

　3.4　管类件塑性成形技术与装备 ····················· 84

　　　3.4.1　变截面构件磁流变柔性介质成形技术与装备 ····· 84

　　　3.4.2　金属管材热态内压成形技术与装备 ········· 92

　　　3.4.3　管类构件三维自由弯曲成形技术与装备 ····· 99

　3.5　回转体构件旋压成形技术与装备 ················· 107

　3.6　数字化近净锻造成形技术与装备 ················· 114

　　　3.6.1　温锻/冷锻联合成形与异种材料复合锻造 ····· 114

　　　3.6.2　数字化多工位高速锻造技术与装备 ········· 116

　　　3.6.3　核电异形大锻件一体化成形关键技术 ······· 119

　3.7　绿色塑性成形的发展趋势 ······················· 121

　参考文献 ·· 125

第4章　绿色焊接工艺与装备 ························· 129

　4.1　绿色焊接材料 ································· 130

　　　4.1.1　低排放焊接材料 ······················· 130

　　　4.1.2　无害化焊接材料 ······················· 135

　4.2　绿色焊接工艺 ································· 135

　　　4.2.1　激光-电弧复合焊技术 ··················· 136

　　　4.2.2　搅拌摩擦焊技术 ······················· 139

4.2.3 绿色钎焊技术 ·· 145

4.3 数字化焊接技术与装备 ··· 150

4.4 绿色焊接的发展趋势 ·· 151

参考文献 ··· 152

第5章 绿色切削加工工艺与装备 ·································· 157

5.1 绿色加工工艺与装备的新进展 ·································· 158

5.2 干式切削加工工艺与装备 ··· 162

5.2.1 干式切削加工技术原理 ·································· 162

5.2.2 干式切削加工成形装备 ·································· 164

5.2.3 干式切削加工典型应用案例分析 ··················· 166

5.3 微量润滑切削加工工艺与装备 ·································· 167

5.3.1 微量润滑切削加工技术原理 ·························· 167

5.3.2 微量润滑切削加工装备 ·································· 168

5.3.3 微量润滑切削加工典型应用案例分析 ············· 171

5.4 低温切削加工工艺与装备 ··· 175

5.4.1 低温切削加工技术原理 ·································· 175

5.4.2 低温切削加工装备 ·· 176

5.4.3 低温切削加工典型应用案例分析 ··················· 182

5.5 射流强化改性微纳加工工艺与装备 ··························· 184

5.5.1 射流强化改性微纳加工技术原理 ··················· 184

5.5.2 射流强化改性微纳加工装备 ·························· 187

5.5.3 射流强化改性微纳加工典型应用案例分析 ········ 189

5.6 绿色切削加工发展趋势 ··· 190

参考文献 ··· 193

第 1 章

——

绿色制造工艺与装备发展

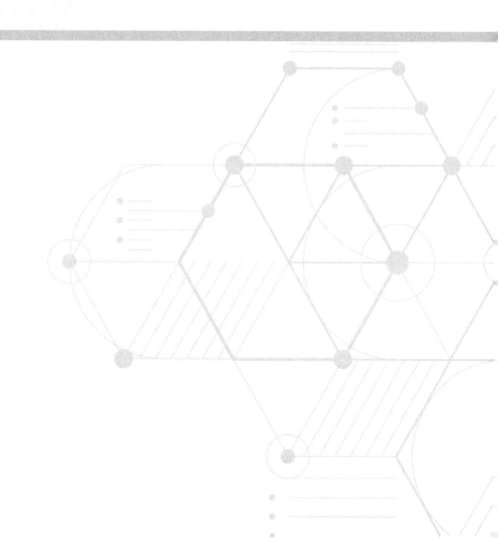

在 2018 年全国生态环境保护大会上，习近平总书记指出："总体上看我国生态环境质量持续好转，出现了稳中向好趋势，但成效并不稳固。""生态文明建设正处于压力叠加、负重前行的关键期，已进入提供更多优质生态产品以满足人民日益增长的优美生态环境需要的攻坚期，也到了有条件有能力解决生态环境突出问题的窗口期。""生态兴则文明兴，生态衰则文明衰。生态环境是人类生存和发展的根基，生态环境变化直接影响文明兴衰演替。"党的十九大报告中提出："我们要建设的现代化是人与自然和谐共生的现代化，既要创造更多物质财富和精神财富以满足人民日益增长的美好生活需要，也要提供更多优质生态产品以满足人民日益增长的优美生态环境需要。"党的十九届五中全会提出："坚持绿水青山就是金山银山理念，坚持尊重自然、顺应自然、保护自然，坚持节约优先、保护优先、自然恢复为主，守住自然生态安全边界。"2020 年 9 月 22 日，国家主席习近平在第 75 届联合国大会一般性辩论上指出：中国将提高国家自主贡献力度，采取更加有力的政策和措施，二氧化碳排放力争于 2030 年前达到峰值，努力争取 2060 年前实现碳中和。把碳达峰、碳中和纳入生态文明建设总体布局，拿出抓铁有痕的劲头，如期实现 2030 年前碳达峰、2060 年前碳中和的目标。我们需要完整、准确、全面贯彻新发展理念，深入实施可持续发展战略，支持绿色技术创新，推进清洁生产，推进重点行业和重要领域绿色化改造，降低碳排放强度，推进制造业的数字化、绿色化、网络化、智能化的高质量、可持续发展。

为推动制造业绿色高质量发展，推动工业实现绿色发展，工业和信息化部推进实施了绿色制造工程，取得了显著成效，一大批绿色制造技术与系统、绿色产品与装备、绿色工厂与园区投入使用，推动了制造业绿色转型发展。据报道，2016—2019 年，我国规模以上企业单位工业增加值能耗累计下降超过 15%，节能量相当于 4.8 亿 t 标准煤，节约能源成本约 4000 亿元，同期，单位工业增加值二氧化碳排放量累计下降 18%。制造业是国民经济的支柱和基础，是维护我国经济安全、国防安全、社会稳定的重要基石。我国是世界第一制造大国，且正由制造大国向制造强国迈进。据有关统计，我国制造业能源消耗约占我国能源消耗总量的 60%，年二氧化碳排放量约 40 亿 t，占全国排放总量的 50% 以上。因此，加快推进制造业绿色发展刻不容缓，构建清洁高效、低碳循环的制造业技术创新体系是实现我国绿色发展的重要支撑。为了能如期实现碳达峰和碳中和的发展目标，制造业需要加快转型发展，积极发展绿色设计、绿色材料、绿色制造工艺、绿色装备以及再制造等相关理论方法、工艺技术与系统装备，这既是制造业节能降耗、减排增效，实现社会效益、生态效益和经济效益协调发展的重要手段，又是落实"绿水青山就是金山银山"重要理念的重要举措。

　　本书所介绍的绿色制造工艺与装备，主要涉及绿色成形制造工艺与装备、绿色加工制造工艺与装备，主要以节约材料、节能降耗、减少排放、提高资源利用率等为主要目标。绿色成形制造工艺与装备主要包括绿色铸造、精密锻造、绿色焊接、再制造等工艺技术。绿色加工制造工艺与装备主要包括干式切削加工工艺与装备、微量润滑切削加工工艺与装备等。本章主要阐述绿色制造的内涵及特征，介绍绿色制造工艺与装备的发展研究现状、绿色制造工艺与装备的发展趋势及发展建议。

1.1　绿色制造的内涵及特征

▶ 1.1.1　绿色制造的内涵

　　绿色制造也称为环境意识制造、面向环境的制造，绿色制造技术是在保证产品功能、质量、成本的前提下，综合考虑环境影响、质量、资源消耗、生产率等因素的现代制造模式。它使产品从设计、制造、包装、运输、使用到报废的整个生命周期不产生环境污染或环境污染最小化，符合环境保护要求，对生态环境无害，节约资源和能源，使资源利用率最高，能源消耗最低。绿色制造是一种系统综合考虑环境影响、资源消耗等多种因素的现代制造、先进制造、绿色发展模式，涵盖产品全生命周期，是全球新一轮工业革命和科技竞争的重要手段。其目标是使整个产品生命周期对环境的影响（副作用）最小，资源利用率最高，并使企业经济效益和社会效益协调优化。绿色制造与绿色发展已经成为世界各国的普遍共识，成为传统产业转型与优化升级、绿色发展新业态新模式新机制的重要举措。世界各国高度关注绿色制造，特别是工业发达国家更是关注绿色材料与绿色制造工艺的创新发展及推广应用，成为提升制造业国际竞争力和承担全球社会责任的重要体现，绿色制造与绿色发展成为国家未来发展规划与发展战略的重要组成部分。

　　绿色制造模式是一种人与自然和谐共生的生产制造模式，也是一个绿色制造发展生态系统，它以系统集成的观点考虑产品环境属性，改变了原来末端处理的环境保护办法，使产品在满足环境目标要求的前提下，更好地保证产品应有的基本性能、使用寿命、质量与回收再利用等。其核心目标是在保证功能和质量的前提下，尽可能地减少对环境的影响，提升生产资源的利用率，是一种可持续发展的制造。2018 年 7 月 7 日，国家主席习近平向生态文明贵阳国际论坛2018年年会致贺信中指出:"中国高度重视生态环境保护,秉持绿水青山就是金山银山的理念,倡导人与自然和谐共生,坚持走绿色发展和可持续发展之路。我们愿同国际社会一道,全面落实2030年可持续发展议程,共同建设一个清洁美丽的世界。"我国把坚持节约资源和保护环境作为基本国策,始终以"绿色发展、循环发展、低碳发展"理念指导应对气候变化的行动。同时,我国制定了《中国落实2030年可持续发展议程国别方案》,推动全球可持续发展。

1.1.2 绿色制造的特征

绿色制造的主要特征有:

1)绿色制造实现装备复杂零部件近净成形、精密成形。要实现绿色制造,需要资源材料绿色化,如绿色原材料、绿色能源等;需要生产制造过程的绿色化,如在生产过程中体现设计绿色化、制造轻量化、工艺绿色化,生产制造的零部件具有更高的性能,实现薄壁化、轻量化、整体化制造。通过精密铸造、锻压、铸锻复合等成形制造工艺,实现零部件的近终成形、近净成形、精密成形,即加工余量小、成形精度高,进一步节能节材、减少消耗、减少排放。通过精密铸锻焊成形制造技术、高效清洁切削加工技术、数字化绿色连接技术等复合成形,将轻质、高强、高韧等新材料与精密等材成形、数字化增材成形等先进成形技术相结合,使零部件在提高性能的同时实现轻量化。这些新材料、新工艺、新装备及其复合成形制造工艺与装备,推动高端装备复杂零部件实现高性能、轻量化、精密化制造。

2)绿色制造工艺实现生产过程短流程、高能效、清洁生产、少无废弃物制造。通过理论方法、工艺技术等系统创新,将多个零件集成的整体制造进一步减少零件数量,实现减重和质量提升。开展复合成形技术、整体制造技术等先进的成形制造技术,实现零部件的短流程成形制造,同时大幅度提升设备的能效及效率。在生产制造过程中,少产生废弃物、不产生废弃物,或产生的废弃物能作为整个制造过程中的原料而利用,并在下一个流程中不再产生废弃物。铸造、锻造、热处理等能源、材料消耗大的行业,绿色制造工艺可使生产过程更加清洁化,装备制造及使用过程不产生或少产生废弃物。

3)生产制造过程与系统装备实现数字化、智能化、网络化制造。随着制造工艺控制精度的提高,环境条件等干扰因素的不确定性矛盾将日益突出,将数字化、智能化控制技术相结合可使得生产设备或生产线具备良好的适应能力,可进一步改善加工、成形制造的环境,降低工人的劳动强度并实现清洁化生产;还可大幅度降低生产环境中的粉尘、噪声、有毒有害气体等。此外,它还可使工人劳动条件更加良好，劳动强度大幅度降低，大量工序实现机器人、智能装备等数字化制造。同时，制造产品与装备实现绿色化，即产品与装备全生命周期的绿色化，不仅制造过程实现绿色化，而且使用过程也体现绿色化，还可以实现绿色包装、运输和绿色回收处理再利用。

1.2 绿色制造工艺与装备的发展研究现状

美国、英国、德国、日本等工业发达国家和地区纷纷将绿色制造列为先进制造领域发展战略目标和重要任务之一，提出了绿色制造发展的愿景、目标和技术发展方向。工业发达国家和地区为解决可持续发展难题，在 20 世纪 70 年代便开始了绿色制造相关研究，绿色制造以 1996 年美国制造工程师学会（SME）发布的 *Green Manufacturing* 蓝皮书为标志迅速成为全球研究热点。当前，绿色制造已经成为技术创新的前沿和未来战略新兴产业发展的方向，全球各国政府、学术界和产业界高度重视绿色发展问题。在美国"先进制造伙伴计划 2.0"提出的 11 项振兴制造业的关键技术中就包括"可持续制造"；欧盟发布《欧盟新工业战略》，为实现 2050 年欧洲气候中立，将推动产业、能源和资源绿色化，采用更多清洁技术，减少污染物排放，降低现有发电能耗，更多地使用可再生能源和清洁能源并开发氢能新能源，发展循环经济。欧洲委员会 2020 年 3 月 11 日正式发布新一轮的循环经济行动计划（New Circular Economy Action Plan），即欧洲循环经济 2.0 政策，是欧洲可持续增长的新议程、欧洲绿色新政的主要组成部分之一，也是欧洲新产业战略的重要组成。新计划将使循环经济成为生活的主流，加快欧洲经济的绿色转型，从产品设计到产品制造及使用过程进行循环改变，进一步减少资源消耗，减少废弃物。在以蒸汽机、大规模流水线生产和电气自动化为标志的前三次工业革命之后的第四次工业革命中，德国提出"工业 4.0"，即通过充分利用嵌入式控制系统，实现创新交互式生产技术的联网，相互通信，即信息物理融合系统，将制造业向智能化转型。其实质和特点是提高资源生产率，减少污染物排放，实现柔性化、个性化生产。德国提出"Blue Competence"高能效机电产品倡议，发布《资源效率计划》，如要求机床减重 50% 以上，能耗减少 30%～40%，报废后机床 100% 可回收等。法国发布"未来工业计划"，英国在《未来制造》中提出实施绿色制造提高现有产品的生态性能，重建完整的可持续工业体系，实现节材 75%，温室气体排放减少 80% 的目标。此外，日本提出了"绿色发展战略总体规划"、韩国提出了"低碳绿色增长基本法"等。我国也非常重视绿色制造技术的发展，在《中国制造 2025》中明确提出：优先推进制造业数字化、网络化、智能化制造，全面推行绿色制造以及增强工业制造基础能力。《"十四五"工业绿色发展规划》中明确提出：持续推进基础制造工艺绿色优化升级，实施绿色工艺材料制备，清洁铸造、精密锻造、绿色热处理、先进焊接、低碳减污表面工程、高效切削加工等工艺技术和装备改造。

以铸造、锻造、焊接、热处理、表面处理、切削加工为代表的基础制造工艺是汽车、石化装备、电力装备、造船、钢铁装备、纺织装备、机床制造等产业的基础制造核心技术。基础制造工艺在装备制造业有着广泛的应用。据统计，全世界75%的钢材经塑性加工，45%的金属结构用焊接得以成形。汽车65%以上的重量由钢材、铝合金、铸铁等材料通过铸造、塑性加工、焊接等工艺方法而形成。1977年至今，德国汽车使用的材料中，普通钢用量下降14%，高强钢上升8%，铝合金上升7%，镁合金上升2%，塑料及复合材料上升3%。预计到2035年，汽车上普通钢用量占比仅在20%以下，轻量化材料将达到70%。在我国，铸、锻、热、焊四种基础制造工艺合计能耗占机械行业总能耗的比例高达70%~85%。发展绿色制造工艺是装备制造业、轨道交通等领域的重要基础，也是制造业可持续发展的必由之路。

制造业的发展为人类带来巨大利益的同时，也消耗了大量的能源、资源，产生了大量的废气、废液以及固体废弃物。据估计，全世界每年有300多亿吨温室气体排向大气，而制造业的排放占比超过50%。我国在成为制造大国的同时，制造业的发展也带来了大量的环境问题，工业排放的二氧化硫、氮氧化物占排放总量的70%，粉尘占排放总量的85%，均成为主要污染物排放来源。绿色制造是工业转型升级的必由之路，它主要覆盖了绿色材料、绿色设计、绿色制造工艺、绿色制造装备以及回收再利用等方面的理论方法与关键技术。伴随着新材料技术发展、数字化智能化技术发展，材料-工艺-装备融合发展的趋势更加明显，突破绿色制造的关键共性基础技术，不断涌现出绿色新材料、绿色新工艺、绿色新装备。推动绿色制造对我国传统制造业绿色转型和战略新兴产业绿色发展具有重要意义，更是提升产业核心竞争力，实现制造业可持续发展的重要保障。通过发展绿色制造工艺和装备，可以有效减少传统制造过程的能源消耗，减少污染物排放，提高能源和资源利用率，实现废旧资源的循环利用。

通过实施绿色制造工程等重大工程、重大项目与重点项目，进一步减少了制造业废弃物和污染物的产生，最大限度实现少废或无废生产、清洁生产，提高了制造过程中材料利用率、能源利用率等资源利用率。但是与工业发达国家相比，我国不论在绿色材料、绿色制造工艺，还是在绿色制造研发、绿色制造装备等方面都还存在很大差距，需要高度关注并重视绿色制造中的材料、工艺、装备及标准创新研究和推广应用，从绿色发展理念到绿色发展行动，为全球绿色制造、绿色发展提供中国特色绿色制造解决方案。特别是绿色制造技术创新与我国制造业绿色发展战略需求还有很大差距，如原创性的绿色制造基础理论研究少，颠覆性和引领性的绿色制造新原理、新方法、新工艺、新材料、新装备相对不足，绿色制造的相关产业在一定程度上还处于孕育和初期发展阶段。

要实现绿色制造，就需要考虑如何在绿色环保条件下能够把产品造得出、造得精和造得好。其主要表现为轻量化的结构设计、材料制备与制造一体化，任何好的绿色设计都可以通过多材料结构、多工艺复合以及创造新材料、新工艺、新装备制造出来，在不断提高制造精度的同时更好地实现精度与性能、精度与寿命、精度与质量的经济匹配，最终通过数字化、智能化使工具能与绿色材料、制造工艺及装备融合发展，使制造业发展成为精准制造、绿色制造、幸福制造，以更好地提升我国制造业装备及产品的国际竞争力，为国民经济发展与重大工程建设贡献力量，为实现制造强国建设提供重要举措。

▶▶ 1.2.1　绿色制造工艺与装备提高能源资源利用率

针对传统铸造、锻造等热加工工艺能源、资源利用率不高等问题，通过数字化技术、智能化技术与铸造、锻造等传统热加工工艺融合发展，创新绿色制造工艺方法，实现制造工艺的绿色化、精密化，研制开发出绿色化、精密化、轻量化制造工艺技术及装备并在企业中推广应用。突破铸、锻等成形制造产业重大关键技术，形成一批具有自主知识产权的重大创新产品，如铸件尺寸精度提高 1~2 级，表面质量提高 1~2 级，产品质量达到发达国家水平。工业机器人因其具有高效率、高精度、工作适应性强等优点，在成形制造中的应用日益广泛，使高端装备制造的关键核心铸、锻件等实现自主化生产。如在铸造生产中，工业机器人除了能够代替人在高温、污染和危险环境中工作外，还可以提高工作效率，提高产品精度和质量，降低成本，减少浪费，并可获得灵活且持久高速的生产流程。将铸造工艺、铸造设备和工业机器人有机结合，不断研发铸造领域的项目应用，已覆盖压铸、重力铸造、低压铸造及砂型铸造等多个领域，主要涉及制芯、铸造、清理、机加工、检验、表面处理、转运及码垛等工序中。

1）近净成形制造技术推动绿色工艺的创新发展。通过精密铸造、塑性成形、绿色连接成形减小或者取消切削加工余量，可实现成形过程节能节材、少或无排放，如精密轧制成形、凸轮轴内高压成形、齿轮冷挤压成形、激光电弧复合焊等。以轿车直齿锥齿轮为例，与刨齿切削加工相比，冷锻可以使材料利用率提高到90%以上，齿轮强度提高20%，抗弯疲劳寿命提高35%，生产率提高6~8倍。载重汽车EQ140的十字轴锻件采用闭式温精密锻造工艺，与普通热模锻相比，锻件的工作部位仅留0.30mm余量，可直接进行磨削加工，单件用料由1.7kg减少到1.15kg，加热温度由1240℃降至800℃，通过减少坯料重量和降低加热温度的方式减少电能0.35kW·h/件以上。山东省荣成市黄海离合器有限公司与北京科技大学采用覆膜砂型壳与散砂振动负压造型组合技术，大幅度减少了铸造覆膜砂的用量，减少了材料消耗，实现了铸件的绿色清洁高效、低成本精密制造。该技术改变了传统汽车离合器压盘铸造存在的工艺落后、能耗高、精度低、有污染、成本高等缺点，实现了汽车关键零部件的高效精密绿色环保制造。与传统树脂砂型铸造技术相比，铸造材料综合消耗可降低80%以上，烟气排放量可降低85%以上，综合生产成本可降低15%以上，年产量可增长100%。

以铝合金等轻质合金替代钢铁材料实现工业生产设备轻量化，可显著降低电力消耗和其他能源消耗。但限于成形难度大、生产成本高等原因，铝合金等轻质材料尚未得到广泛应用。热冲压淬火成形技术（Hot Forming and Quenching，HFQ）相比传统成形工艺，具有生产成本低、成形性能好和制件尺寸精度高三大优势，已受到欧美机械制造行业的重视，并开发出用于飞机零部件制造的设备。

2）绿色制造新原理、新方法、新工艺推动绿色创新发展。例如，利用增材制造直接制造的金属零件，其重量可以更轻，可节约材料。3D打印基于离散-堆积原理，不受零部件几何结构的约束，多孔结构、梯度结构以及多材质结构的打印成形，能够实现传统工艺无法成形的特殊结构，为零部件的性能优化和轻量化提供了更加柔性的手段。美国发展3D打印技术，可实现用一半的时间、一半的费用完成产品开发，并将增材制造技术作为重振制造业的第一个实施的政府科技计划。英国在《未来高附加值制造技术展望》报告中把增材制造作为提升国家竞争力、应对未来挑战亟须发展的22项先进技术之一。英国劳斯莱斯公司（Rolls-Royce）将3D打印技术应用于喷气机引擎部件生产，以加快生产速度和推动部件轻量化。德国西门子公司从2014年开始进行燃气轮机的金属零部件的3D打印，将涡轮燃烧器的修理时间由原来的44周降至4周。美国通用航空公司从2016年开始采用3D打印技术制造波音747和空客320所用发动机的燃料喷嘴。将3D打印技术应用到电路板制造中，取代了传统的压膜制版、光刻蚀和镀膜等工艺，缩短了制造流程，减少了80%以上的工序和设备，而且避免了这些工艺带来的污染排放，使有机污染废水排放减少70%以上，并极大地提高了铜材利用率。华中科技大学张海鸥等为解决高端金属零件传统制造工艺流程长与能耗高问题，提出一种金属零件微铸锻铣复合超短流程绿色制造方法。针对航空起落架外筒零件，通过理论计算比较了制造过程中微铸锻铣复合制造方法与传统方法的能源和材料消耗。结果发现，传统制造方法的能耗与材料消耗分别是微铸锻铣复合制造方法的33.3倍和6.7倍，微铸锻铣复合制造可将金属零件的生产周期由数月缩短为一周。该方法为我国大型复杂锻件的超短流程、节能节材的绿色制造生产提供了新模式。

美国蓝石工业集团有限公司（Revstone）将真空技术与铸造技术结合起来，用于汽车轻量化零部件生产，开发了真空辅助高压铸造、真空辅助挤压铸造以及超高真空薄壁铸造等技术，如传统制造的钢质减震塔由5个冲压件焊接而成，零件的质量为7.65kg，采用超真空压铸铝工艺后，使用单个铝铸件代替冲压焊接件，零件的质量仅为3.24kg。欧洲空中客车公司将激光焊接技术应用于飞机机身机翼的内隔板与加强筋的连接以取代传统的铆接工艺，使机身减重18%，制造成本降低20%以上。楔横轧是一种高效清洁的轴类零件近净成形技术，是先进成形制造科学与技术的重要组成部分。胡正寰院士等人创新并发展了楔横轧理论方法、工艺技术与系统装备。用楔横轧工艺生产内燃机凸轮轴毛坯，特别是多缸凸轮轴毛坯是凸轮轴制坯技术的新发展。楔横轧凸轮轴毛坯可实现：①节省材料，与切削和锻造相比，节材30%左右，材料利用率由40%左右提高到60%以上；②与切削相比，单机效率提高20多倍；③与传统工艺相比，生产成本降低30%左右。图1-1所示为北京科技大学开发的凸轮轴楔横轧精密成形生产线。

图1-1　北京科技大学开发的凸轮轴楔横轧精密成形生产线

图 1-1　北京科技大学开发的凸轮轴楔横轧精密成形生产线（续）

1.2.2　绿色制造工艺与装备减少资源消耗和污染排放

通过创新绿色制造工艺与装备，实现材料节约，生产率提高。针对采用传统木模、金属模无法满足高端装备高质量铸件的快速制造要求，存在工序多、高质量制造难甚至无法制造等难题，单忠德等人发明了数字化无模铸造复合成形技术与装备，提出复杂砂型/砂芯数字化柔性挤压近成形、切削净成形方法，构建无模铸造复合成形原理及机制，研发出砂型挤压-切削复合成形工艺，研制出砂型梯度紧实的数字化柔性挤压成形机、无模铸造精密成形机、多材质砂型 3D 打印机，突破了复杂铸件高效率、高性能、高精度无模成形关键技术，改进了采用模具造型的传统砂型铸造生产模式，实现了复杂铸件高质量制造。不用传统木模、金属模等模具制造砂型/砂芯，铸件制造周期缩短 30% 以上，铸件精度提高 2~3 级，成本降低 30% 以上。

武汉理工大学华林教授等人开发了高精度、高强度中厚板结构件复合精冲成形技术与装备，针对三维复杂形状中厚板结构件制造工序长、效率低、精度差等难题，提出增塑复合精冲成形的新方法，开发出复合精冲成形技术与全自动精冲装备，实现了汽车、高铁、航空等高精度、高强度中厚板结构件复合精冲大批量生产，产品标准公差等级为 IT5~IT6，提高效率 5~10 倍，节材 20%~40%。图 1-2 所示为复合精冲典型中厚板结构件。

针对复杂构件的精密高效成形难题，华中科技大学王新云等发明了变形量分配及定向流动控制技术，突破了模具应力最小化设计方法与多工位精锻装备高刚性抗偏载设计方法，实现了锻件精度 7 级、模具平均寿命 8 万件、生产节拍 8~20 件/min。

图 1-2　复合精冲典型中厚板结构件

激光-电弧复合焊接技术是一种将激光和电弧两种具有不同物理特性的焊接热源耦合作用于同一个熔池，形成全新焊接热源，实现优质高效焊接加工的一种新型焊接成形工艺。其中电弧辅助激光复合焊接技术，以大功率激光为主，电弧为辅，电弧的加入有效地改善了激光的吸收率，增强了激光焊接的搭桥能力，提高了焊接制造效率和质量。而激光诱导增强电弧复合焊接技术，主要是以电弧为主，通过运用 500~1000W 的低功率激光诱导增强电弧，从而在低能耗条件下实现电弧能量密度的跃升，该技术具有显著节能降耗的特征。目前该技术在我国已成功应用于电力、石化等领域关键结构件的制造，使焊接制造质量得以提高，效率提高 3~5 倍，能耗降低 50% 以上。

在新型焊材的研发、装备研制时，兼顾环保、绿色发展及绿色指标的实施尤为重要。其中，绿色指标主要体现在以下三个方面：一是绿色环保，采用全程环保式制备工艺进行生产，降低了传统制备工艺中酸洗工艺等造成的化学试剂排放对环境的污染；二是节能降耗，生产工艺环节的简化使无镀铜焊丝在水、电、煤等能源的消耗，污水、废酸、废碱的排放和处理方面具有显著的绿色优势；三是低污染，焊接过程中无铜烟尘产生，可有效降低对焊接环境的污染，在抗锈性能、飞溅量、焊接烟尘发生量等方面有显著提升。

在金属加工领域，为了减少切削液废液排放，围绕典型材料的绿色高效切削，以少无切削液绿色切削加工技术代替传统浇注式切削加工，开展切削机理、切削参数优化、系统研制与应用技术的研究。研究人员进行了干式切削、准干式切削等绿色切削加工技术研究。建立少无切削液绿色切削加工技术工艺规划、系统与机床集成方案设计及应用效果评价技术，提供从系统设计、安装集成方案、加工工艺规划到应用效果评价的全方位解决方案，消除切削液使用带来的弊端，实现少无切削液绿色切削加工技术的推广应用。

印度安那大学 S. Jesudass Thomas 等将受控表面微观纹理应用在切削刀具表面上，通过改变刀具与工件界面的摩擦条件来提高加工性能，减小切削力和降低切削温度，从而避免使用切削液，减少环境污染。日本静冈大学针对绿色切削中的低温切削高硅铝合金难加工问题，采用微量植物性润滑油和冷风切削的方法来提高加工表面质量，避免切削液中因硅结晶粒子的循环而造成刀具磨损。另外，他们还开展了冷风冷却和微量植物油润滑条件下的切削加工不锈钢的试验，试验结果表明，微量植物性润滑油和冷风切削的方法能延长刀具的使用寿命，可抑制积屑瘤的产生，提高加工表面精度，并可省去废液处理系统，实现了真正的绿色切削加工。

重庆工商大学杨潇等通过分析高速干式切削加工过程中切削热在刀具中的传递与作用特性，并基于切削比能和切屑几何形貌建立了高速干式切削刀具的温升模型，以切削速度、进给量、刀具主偏角为变量，提出一种刀具温度调控方法，有效控制了刀具的温升。南华大学何志锋等针对 45 淬硬钢干式切削过程中刀-屑接触区域热流密度不均匀性和热分配率不均匀性等问题，借助热源法建立了前刀面刀-屑接触区域三维温度场解析模型，揭示了前刀面刀-屑接触区域的温度场分布规律，解决了无切削液切削过程的热流密度和热分配不均匀的问题。

北京航空航天大学袁松梅教授采用绿色切削微量润滑增效技术，可减小切削刀具和工件之间的摩擦力，延长刀具使用寿命。采用该技术可提高工件表面质量，实现钛合金、低碳钢、低合金钢等难加工材料高质、高效的绿色加工。南京航空航天大学何宁教授针对钛合金高速切削过程中切削温度过高、刀具磨损过快等问题，提出在低温氮气射流条件下钛合金的高速铣削加工方法，并开展刀具使用寿命和切削性能研究。研究结果表明，低温氮气射流结合微量润滑能够有效延长刀具使用寿命，是干式切削的 1.4 倍和常温氮气油雾时的 1.93 倍。低温氮气射流结合微量润滑不仅能有效地降低铣削力，还能抑制刀具磨损。北京航空航天大学袁松梅教授通过高强钢 30CrNi2MoVA 的铣削试验比较了干式切削、传统浇注切削、低温冷风切削和低温冷风微量润滑切削的冷却润滑效果，研究了这几种冷却润滑方式对切削力、刀具磨损、表面粗糙度和切屑的影响。结果表明，在所选的材料和切削参数条件下，采用低温冷风微量润滑的铣削力仅为传统切削的 60%，并且其可以较好地抑制刀尖处黏结物的产生，减少刀具磨损，提高工件表面质量，采用低温冷风微量润滑方式有效解决了切削高强钢 30CrNi2MoVA 时切削区温度高的问题。

中国机械科学研究总院集团有限公司（以下简称机械科学研究总院）和沈阳铸造研究所有限公司等联合研发了电渣熔铸大型变曲面异形件制造技术与装备，创新电渣熔铸与锻压成形复合制造技术，解决了我国高端装备对高品质大型铸锻件的急需和技术瓶颈问题。利用该技术制造了单件重量为14.5t、目前世界上单机容量最大的百万千瓦水轮机不锈钢叶片（图1-3）。图1-4所示为电渣熔铸大型变曲面异形件制造技术与装备。

图1-3 叶片毛坯成品

a)   b)

图1-4 电渣熔铸大型变曲面异形件制造技术与装备

a）7000t特种压机 b）80t电渣熔铸设备

1.2.3 绿色制造工艺与装备推进资源能源循环利用

绿色制造技术更注重从全生命周期角度考虑产品设计、制造、使用以及回收利用过程中给环境带来的影响，尤其倡导资源能源的循环利用。高能束表面改性技术是通过高能量密度的束流改变材料表面的成分或组织结构的一种表面处理技术。该技术可在极短的作用周期下，使材料表面达到其他表面技术所无法达到的效果。激光相变强化技术应用于模具的表面强化，能极大地提高模具表面的硬度和耐磨性，解决长期以来用传统热处理方法无法解决的模具表面处理的技术难题，提高产品质量。离子束、电子束和激光束应用于表面工程领域，先后形成了离子注入、离子沉积、电子束表面熔凝、激光淬火、激光熔覆和激光冲击硬化等多种新型高能束表面改性技术。清洁涂镀技术是在工件表面进行局部快速电化沉积金属的新技术。应用清洁涂镀技术能显著提高零部件的使用寿命和可靠性，提高设备的利用率，减少配件的生产和储备，在增产节约、修旧利废、减少排污、节省能源等方面具有一定意义。

在余热利用方面，烟台路通精密科技股份有限公司开发出一种 Al-Si-Cu-Mg 合金铸造-热处理一体化新工艺，该工艺利用铸件的余热，实现铸造和固溶处理的连续作业，可缩短固溶阶段的升温和保温时间。相比传统工艺制备的铸件，采用新工艺可使固溶工序耗时缩短 50%，能耗减少 35%。经铸造-热处理一体化工艺处理后，该铸件的抗拉强度达 310MPa，伸长率为 2.3%，在相同的条件下，其强度和塑性都与经 T6 工艺处理的铸件接近。山推工程机械股份有限公司利用锻造余热工艺方法来制备淬火机械支重轮轮体，减少了后续热处理，耐磨性能优于现行支重轮轮体，使用性能良好，节约电能。

沈阳建筑大学陈辉等以吉林某精锻公司锻造过程为例，设计了新的冷却循环水和供暖系统，并开展余热回收再利用研究。研究发现，在锻件加热过程中，冷却循环水系统起到给中频炉感应圈通水保护的作用，计算得出可以从冷却循环水中回收的热量，该部分回收热量被加入到冬季供暖系统中，提高了能源的利用率。新系统在满足工艺循环水要求的基础上，能够有效回收生产中的大量余热，减少了水资源的浪费，降低了对环境的热污染。

在再制造方面，再制造技术可以有效降低资源、能源消耗和对环境的影响，是实现废旧高端装备低碳循环利用的有效途径，是促进制造产业可持续发展的重要方式。研发高端装备再制造新技术、新工艺，可推动取得规模化经济效益，并可显著提升全球竞争力。卡特彼勒公司率先开展了再制造技术研究与开发应用，具有较为领先的再制造技术，建立起相关再制造应用生产线，年回收处理200 万件，处理超过 5000 万 kg 废金属。以生产发动机顶盖为例，再制造能够减少 86% 的能源消耗、93% 的水资源消耗和 61% 的温室气体排放量，几乎可实现"零弃物"的固体废弃物排放。

激光熔覆、热喷涂等再制造技术可将废旧设备或废旧零部件进行专业化、批量化修复及生产。激光熔覆技术是利用高能密度激光束使特性材料熔覆在基体表面，涂层与基体呈冶金结合，可显著提高基体表面结合力，达到修旧利废、延长寿命的目的。优选的激光熔覆技术可使部件表面涂层与基材冶金熔合，提高涂层结合力，并且自动化生产可保证其修复质量及数量。

机械科学研究总院开发出激光随形熔覆、激光致密化沉积、激光复合制造等先进制造新技术，研制出 LCM 系列五轴激光熔覆精密成形机（图 1-5）、五轴激光立体成形机、大型辊轴类回转体激光熔覆设备（图 1-6）等新型装备，在汽车模具、能源装备、动力装备等重点领域成功开展示范应用。

图 1-5　大功率激光随形熔覆精密成形机

图 1-6　大型辊轴类回转体激光熔覆设备

针对 H13 热冲压模具、连续油管轧辊 42CrMo 等关键工模具修复的迫切需求，机械科学研究总院通过遴选并建立高热硬性钢制热锻模具激光修复再制造专用熔覆粉末材料体系，研究高热硬性粉末激光熔覆界面控制机理，提出了基于激光致密化沉积的热作模具激光快速修复再制造新方法，对熔覆层微观组织与机械性能进行研究，成功开发出高精度表面激光熔覆修复工艺以及复杂曲面激光致密化沉积再制造工艺，获得了金属基体与修复功能层之间的整体匹配及优化准则。在此基础上完成了多套模具镶块的激光熔覆修复再制造，恢复了加工过切镶块的尺寸，完成了多个轧辊的激光熔覆修复再制造及表面硬度强化，熔覆后表面硬度达到 55~58HRC。图 1-7 所示为多种零件激光修复再制造。

a)

b)

图 1-7　多种零件激光修复再制造

a）热冲压模具激光增材修复　b）轧辊激光增材修复强化

c)   d)

图 1-7   多种零件激光修复再制造（续）

c）热作模具激光修复   d）曲轴热镦模具激光再制造

　　针对 42CrMo 发动机气门密封面激光熔覆技术的需求，机械科学研究总院完成多件发动机气门密封面激光熔覆耐热耐磨钴基合金强化，激光熔覆后表面硬度可达 40~42HRC，渗透检测试件表面无气孔和裂纹等缺陷，如图 1-8 所示。针对空压机转子球墨铸铁 QT450 激光熔覆技术的企业需求，为解决 QT450 激光熔覆易产生裂纹等缺陷问题，机械科学研究总院完成多件空压机转子的激光熔覆修复（图 1-9），显著延长了空压机转子的服役寿命周期。

图 1-8   42CrMo 发动机气门密封面激光增材修复强化

图 1-9   QT450 空压机转子激光熔覆修复

机械科学研究总院针对连铸结晶器高反射率铜板激光增材修复强化产业难题，取得了从材料、工艺、装备到接驳产线应用一系列重大突破。采用多元增强复合材料体系和激光随形熔覆工艺，成功完成了结晶器高反射率铜板免回炉激光增材修复强化应用（图1-10），不仅使受损结晶器尺寸得以恢复，而且表面达到"金属陶瓷化"。修复后过钢量提高1.5倍以上，预估可使吨钢生产成本（主要体现为结晶器折旧成本）降低3.5%以上，冶金结合性能优良。

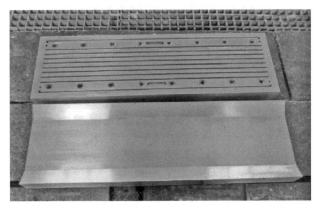

图1-10　连铸结晶器高反射率铜板免回炉激光增材修复强化应用

1.3　绿色制造工艺与装备的发展趋势及发展建议

绿色发展体现自然规律与经济规律、人与自然的和谐统一。马克思主义生态文明观揭示了人与自然是和谐共生、互惠互利的统一整体。包含了人与自然的和谐观，遵循自然规律的可持续发展观。联合国环境规划署提出了绿色经济发展模式，推进社会、经济和环境的协调发展。从环境方面来看，发展是一个可持续的过程，是实现人与自然的真正的和解。自然界是人类生存与发展的基础，自然环境是人类实践活动的对象，人与自然相互协调的关系是人类生存与发展的重要保障。绿色发展是实现人类文明永续发展的必然选择，绿色发展就是要走出一条可持续发展的道路。发展是为了全面提高人民福祉，发展依靠人民，绿色发展就是通过形成人与自然和谐发展回应人民群众对美好生活的向往。

高质量绿色发展将成为新时代主旋律，绿色制造技术创新进入了快速发展期。我国要实现碳达峰、碳中和的目标，离不开绿色制造技术的研发、应用与推广。发展绿色制造技术，将有利于推动制造业由高速度粗放式扩张向精细化高质量发展，由资源能源拉动型制造向技术创新驱动型制造发展，助推我国由制造大国向制造强国转变。

1）需要不断创新绿色制造新原理、新方法、新技术、新装备，突破绿色制造关键科学问题，加强基础理论及方法研究。

绿色制造主要覆盖了绿色材料、绿色设计、绿色制造工艺、绿色制造装备以及回收再利用等方面的理论方法与关键技术，是工业转型升级的必由之路。坚持源头消减与末端治理有机结合，开发和突破一批面向未来的绿色制造关键技术，构建形成我国自主创新的工业绿色发展的技术支撑体系。该体系主要包括绿色制造技术定量表征与精准预测评判、绿色制造过程基础理论及实现方法、环境友好的材料创新设计与制备技术、无害化替代材料制造、绿色制造装备实现原理与实现方法、绿色制造工艺及装备、绿色制造工艺软件与控制系统、绿色工艺数据标准规范及数据库、再制造基础理论及评价方法、高能效数字化装备及装备维护新技术、工厂生态效率规划及能量管理系统、生态设计及绿色供应链，以及绿色制造创新服务平台等。通过解决工业设计绿色化、机械制造相关材料绿色化、制造装备绿色化、装备使用过程及再制造的绿色化理论方法等关键问题，未来将出现一批数字化、智能化、绿色化的机械制造技术及装备，使制造更加智能化、绿色化、人性化，助推传统产业转型升级，抢占新一轮制造业发展制高点。

2）通过成形工艺数字化、制造过程智能化、装备数控化来提高制造质量和制造柔性，实现提高效率与节能节材。

融合数字技术、信息技术的先进制造技术，向着数字化、网络化、智能化方向发展。为推动制造业高质量发展，以数字化转型驱动生产方式变革，采用工业互联网、大数据、5G 等新一代信息技术提升能源、资源、环境管理水平，深化生产制造过程的数字化应用，赋能绿色制造。绿色制造未来的总体发展趋势是数字化、轻量化、清洁化、生态化和人性化。伴随着新材料技术发展、数字化智能化制造技术发展，材料-工艺-装备融合发展趋势更加明显。例如，新材料新结构技术推进绿色材料、无模化轻量化技术推进绿色制造、精密化复合化技术推进节能节材、短流程清洁化技术推进节能减排、数字化智能化技术推进转型升级、废弃资源利用及再制造推进资源循环利用等。在铸造、锻压、焊接等领域应用工业机器人实现自动化上下料、白车身装焊、涂料喷涂、铸型下芯、铸件清整、浇冒口切割等，可进一步提高自动化水平，改善工作环境，减轻劳动强度。研究开发并建立起铸、锻、焊等绿色化成形数字化生产线、数字化成形制造车间及数字化绿色制造工厂。数控机床智能化是通过将计算机、信息、网络、控制、传感器等技术集成，以实现加工过程智能化、加工监控实时化、故障诊断快速化等；通过自动调整机床的功率、进给速度、精度，以实现加工过程节能化等；与网络连接，可实时监控生产及分配任务情况，进行快速诊断与维护。

面向未来制造，智能绿色制造将贯穿整个产品制造和使用过程。大力研究、推广应用绿色制造技术、系统及装备，使未来制造更加智能化、绿色化、人性化，推动传统产业结构调整、转型升级，抢占新一轮发展制高点。发展数字化绿色制造，加强数字技术和传统制造业融合发展，积极推进传统制造业绿色化改造，提高新能源在制造业中的应用占比，持续推进资源、能源节约和结构优化，实现生产过程清洁化、能源资源利用高效化、低碳化等；推进能源资源循环利用，大力发展机械装备再制造产业等。建立生态产品价值实现机制，完善市场化、多元化生态补偿，推进资源总量管理、科学配置、全面节约和循环利用。

3）深化交流与合作，加强绿色制造关键技术标准规范制定、修订与推广应用。

《中国制造 2025》将绿色制造工程作为五大工程之一，将全面推行绿色制造作为《中国制造 2025》九项主要战略任务之一，目的是加快制造业绿色改造升级，推进资源高效循环利用，积极构建形成我国自主创新工业绿色发展的技术支撑体系。技术创新发展是一个从量变到质变的过程，创新能力是引进不来的，需要我们创新发展，技术创新、绿色发展与经济增长是一个有机整体。发展绿色经济，推进制造业可持续发展。近年来美国等发达国家和地区积极推进产业结构与生产制造模式变革，制定绿色制造技术标准，并在经济安全战略中增加了可持续发展内容。我国要积极推进绿色制造技术标准的国际交流合作，鼓励企业积极参与"一带一路"倡议和装备制造业走出去发展战略，利用好全球资源；不断完善和制定绿色制造技术标准，定期修订环保和能耗标准，及时发布绿色产品质量标准；研究建立起绿色设计、绿色生产、绿色产品以及工厂、园区等绿色制造标准体系，严格管理，促进人与自然的和谐共生；进一步加强和完善绿色制造相关法律法规及制度建设，运用好环境管制、环境税、碳税、政府补贴等政策工具，通过建立绿色制造奖惩机制，提高企业绿色发展的责任意识；推动绿色制造技术创新机构与互联网服务平台建设，支撑中国制造绿色发展。

工业和信息化部发布的《"十四五"工业绿色发展规划》指出：到 2025 年，工业产业结构、生产方式绿色低碳转型取得显著成效，绿色低碳技术装备广泛应用，能源资源利用效率大幅提高，绿色制造水平全面提升，为 2030 年工业领域碳达峰奠定坚实基础;单位工业增加值二氧化碳排放降低18%,规模以上工业单位增加值能耗降低13.5%,大宗工业固废综合利用率达到57%;推动传统行业绿色低碳发展,推动绿色制造领域战略性新兴产业融合化、集群化、生态化发展,做大做强一批龙头骨干企业,培育一批专精特新"小巨人"企业和制造业单项冠军企业;持续推进基础制造工艺绿色优化升级,实施绿色工艺材料制备、清洁铸造、精密锻造、绿色热处理、先进焊接、低碳减污表面工程、高效切削加工等工艺技术和装备改造。

为更好实现可持续发展,积极开展面向2035年绿色制造与绿色技术创新发展,推动绿色环保材料、绿色制造工艺、绿色系统装备和绿色循环利用等关键技术攻关,实现关键核心技术自主可控。我国绿色制造的创新体系基本建设完成,绿色制造标准、检测、认证服务体系基本发展成熟,绿色制造等一批创新平台建设完成并运转良好,形成有中国特色的绿色供应链、循环经济等绿色制造新模式、新业态,实现制造业可持续发展,工业发展与生态环境和谐共生。绿色发展就在我们身边,绿色制造时代已经到来。

参 考 文 献

[1] 李舒沁,王灏晨. 欧盟发布《新工业战略》的影响及应对 [J]. 发展研究,2020 (6): 19-22.

[2] 制造强国战略研究项目组. 制造强国战略研究·智能制造专题卷 [M]. 北京:电子工业出版社,2015.

[3] 国家制造强国建设战略咨询委员会,中国工程院战略咨询中心. 工业强基 [M]. 北京:电子工业出版社,2016.

[4] 中国汽车工程学会,中国汽车轻量化技术创新战略联盟,中国第一汽车股份有限公司技术中心. 中国汽车轻量化发展:战略与路径 [M]. 北京:北京理工大学出版社,2015.

[5] 习近平. 推动我国生态文明建设迈上新台阶 [J]. 资源与人居环境,2019 (3): 6-9.

[6] 余满晖,刘馨宇. 论"建设美丽中国"对马克思主义生态思想中国化境界的拓展 [M]// 唐昆雄,欧阳恩良. 新时代马克思主义论丛. 北京:社会科学文献出版社,2019: 137-153.

[7] 单忠德. 机械工业绿色制造成形工艺与装备现状及未来发展 [C]. 苏州:绿色制造国际论坛,2014.

[8] 朱小娟. 从绿色发展理念看人与自然和谐问题 [J]. 创新,2016,10 (3): 55-62.

[9] 单忠德. 机械装备工业节能减排制造技术 [M]. 北京:机械工业出版社,2014.

[10] 中国汽车工程学会. 汽车先进制造技术跟踪研究 [M]. 北京:北京理工大学出版

社，2016.

[11] 陈忠伟. 浅析机械工业中绿色制造技术的实现方法 [J]. 机电信息，2013，12：128-129.

[12] 魏旭. 环保砂铸造工艺性能的基础研究 [D]. 上海：东华大学，2017.

[13] 赵建军，王治河. 全球视野中的绿色发展与创新：中国未来可持续发展模式探寻 [M]. 北京：人民出版社，2013.

[14] 傅志寰，宋忠奎，陈小寰，等. 我国工业绿色发展战略研究 [J]. 中国工程科学，2015，17（8）：16-21.

[15] 单忠德. 绿色制造助推绿色发展 [J]. 政策瞭望，2015，11：53-54.

[16] 中共中央宣传部. 习近平总书记系列重要讲话读本 [M]. 北京：学习出版社，2014.

[17] 中共中央文献研究室. 习近平关于协调推进"四个全面"战略布局论述摘编 [M]. 北京：中央文献出版社，2015.

[18] 陈宗兴. 倡导生态文明推动绿色发展 [J]. 中国经贸导刊，2015，10：13-14.

[19] 王文中，李庆松，王义东. 环保型铸造材料"铸元素"在绿色铸造中的作用 [C]. 上海：第十七届中国铸造协会年会暨第六届全国铸造行业创新发展论坛，2021.

[20] 龚小龙，樊自田. 绿色铸造材料研究及应用新进展 [J]. 金属加工（热加工），2020，10：15-18.

[21] 樊自田，朱以送，董选普，等. 水玻璃砂工艺原理及应用技术 [M]. 2版. 北京：机械工业出版社，2016.

[22] 单忠德. 无模铸造 [M]. 北京：机械工业出版社，2017.

[23] 单忠德，李新亚，董晓丽，等. 一种基于工业机器人的砂型铣削方法：200810110566.4 [P]. 2018-06-03.

[24] 陈辉，马启成，王涛，等. 精锻余热回收利用系统工艺设计 [J]. 沈阳建筑大学学报（自然科学版），2017，6：145-152.

[25] 王阳，滕纪云，汪兴. 锻造车间绿色制造技术应用 [J]. 工程建设与设计，2020，23：147-149.

[26] 柳渊. 锻造机新型液压系统节能与快速建压控制研究 [D]. 太原：太原科技大学，2020.

[27] 李现友，尹宁，赵恩来. 引入节能技术的有轨锻造操作机液压系统改造 [J]. 机床与液压，2017，45（16）：189-190.

[28] 陈操，史建东，谭学庆，等. 蓄热式燃烧技术在锻造加热炉中的节能应用 [J]. 锻压技术，2013，38（4）：120-123.

[29] 颜笑鹏，陈柏金，张连华，等. 锻造液压机立式排布节能潜力研究 [J]. 锻压装备与制造技术，2021，56（2）：26-29.

[30] 浦娟，薛松柏，吴铭方，等. Ga_2O_3 对 Ag30CuZnSn 药芯银钎料钎缝组织及钎焊接头性能的影响 [J]. 焊接学报，2020，41（7）：46-52.

[31] 钟素娟 . 绿色钎焊材料及应用实例 [C]. 上海:"绿色焊接机相关技术研讨会"暨 2019 中国机械工程学会焊接分会焊接环境健康与安全工作会议,2019.

[32] 华林,魏鹏飞,胡志力 . 高强轻质材料绿色智能成形技术与应用 [J]. 中国机械工程, 2020,31 (22):2753-2762,2771.

[33] THOMAS S, JESUDASS KALAICHELVAN K, et al. Comparative study of the effect of surface texturing on cutting tool in dry cutting [J]. Materials and Manufacturing Processes,2018, 33 (518):683-694.

[34] 卡特彼勒 . 卡特彼勒再制造:获评"绿色循环再制造"优秀案例 [J]. 表面工程再制 造,2017,17 (2):57.

[35] 袁松梅,韩文亮,朱光远,等 . 绿色切削微量润滑增效技术研究进展 [J]. 机械工程 学报,2019,55 (5):175-185.

[36] 杨潇,曹华军,杜彦斌,等 . 基于切削比能的高速干切工艺刀具温升调控方法 [J]. 中国机械工程,2018,29 (21):2559-2564.

[37] 何志锋,唐德文,谢宇鹏,等 .45 淬硬钢干式切削刀-屑接触区域温度场分布研究 [J]. 现代制造工程,2017,1:94-99,156.

[38] 袁松梅,刘思,严鲁涛 . 低温微量润滑技术在几种典型难加工材料加工中的应用 [J]. 航空制造技术,2011 (14):45-47.

[39] 苏宇,何宁,李亮,等 . 低温氮气射流对钛合金高速铣削加工性能的影响 [J]. 中国 机械工程,2006,17 (11):1183-1187.

[40] 张海鸥,黄丞,李润声,等 . 高端金属零件微铸锻铣复合超短流程绿色制造方法及其 能耗分析 [J]. 中国机械工程,2018,29 (21):2553-2558.

第 2 章

——

绿色铸造工艺与装备

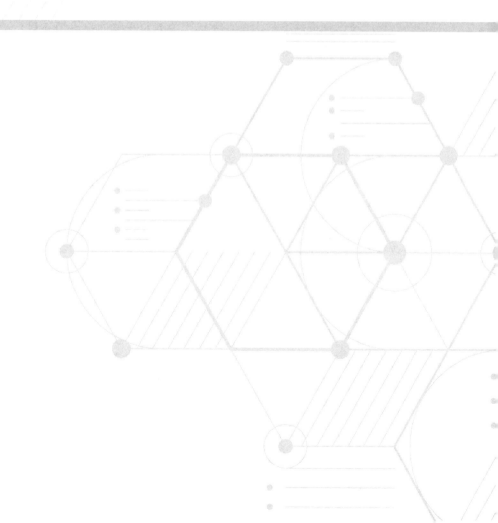

铸造是制造业的重要组成部分，是机械工业重要的基础制造工艺之一，是装备制造业发展的重要基础。高质量复杂铸件是航空航天、动力机械等高端装备的重要支撑，广泛应用于航空航天、汽车、船舶、钢铁石化、能源装备、纺织机械、工程机械等装备制造产业。我国自 2000 年首次超过美国成为世界第一铸件生产国以来，已连续 21 年稳居世界首位。我国铸造企业约 15000 多家，2020 年我国铸件总产量达 5195 万 t，产值 7000 亿元。我国在铸造用原辅材料、铸造设备、铸造模具和铸件生产等方面取得较好发展。铸造新原理、新方法、新工艺、新装备不断涌现，用数字技术、智能技术提升改造铸造行业，推动铸造行业数字化、绿色化、智能化发展，不断提升了我国铸造行业的国际竞争力和世界影响力。

采用绿色铸造工艺与装备，可减少铸造过程中的材料及能源浪费，减少废弃物排放，降低铸件废品率，提高铸件成品率，实现铸件高效高质量精确成形，实现绿色铸造生产。本章主要介绍绿色铸造工艺与装备总体发展情况，聚焦绿色铸造材料、绿色铸造技术与工艺、绿色铸造装备等方面，包括绿色铸造成形工艺及装备的一些研究状况，部分典型先进绿色铸造工艺及其相关研究进展和应用情况，以便读者更好地了解绿色铸造工艺与装备发展情况。

2.1 绿色铸造工艺与装备的总体发展情况

为更好地满足高端装备高质量铸件的发展需求，不断提升铸造企业的国际竞争力，实现铸造行业绿色高质量、可持续发展，近年来，工业和信息化部、科学技术部等国家部委以及地方政府加大了面向铸造行业的技术创新与产业转型升级、数字化改造与绿色发展等方面的支持力度，一批企业持续推进技术创新、技改提升，实施数字化、精细化管理和环保安全治理，如潍柴控股集团有限公司、广西玉柴机器集团有限公司等的铸造技术与能力已具有国际竞争力，可引领铸造行业的发展。为加快推进工业领域环保治理，我国陆续颁布了一系列法律、法规和污染物排放标准，尤其是生态环境重点区域的要求更加严格。GB 39726—2020《铸造工业大气污染物排放标准》和 HJ 1115—2020《排污许可证申请与核发技术规范　金属铸造工业》要求生态环境重点区域对铸造企业按照环保绩效分级实施差异化管控。"十三五"期间，企业环保治理投入大幅增加，环保治理水平整体有了明显提升，部分企业的污染物治理水平已经处于世界同行的前列。

中国铸造协会发布的《铸造行业"十四五"发展规划》指出：目前，我国铸造企业数量较"十三五"初期有了显著减少，企业平均规模有了较大提高，年铸件产量万吨以上的企业超过千家，其中，年铸件产量 5 万 t 以上的企业近 200 家，产业集中度明显提高。我国铸造工艺技术水平稳步提高，高压铸造、半固态铸造、挤压铸造、精密组芯造型、电渣熔铸、快速铸造等工艺技术取得了较大突破。6000t 大吨位压铸机、智能压铸岛、差压铸造装备、挤压铸造装备和半固态凝固铸造装备、砂型喷墨打印（3DP）、砂型切削及复合成形设备等高端铸造装备研制成功并推广应用。据不完全统计，近十年，我国仅砂型铸造生产线新增超过 6000 条，我国进口用于铝镁轻合金铸件生产的压铸机数量达到 1685 台。铝合金、镁合金等轻量化铸件得到快速发展，2020 年铝（镁）合金铸件产量达 680 万 t，占铸件总产量的 13.1%，到 2025 年铝（镁）等轻合金铸件产量占铸件总产量的比例预计将达到 18% 以上。为适应行业节能减排和可持续发展的需要，由中国铸造协会起草的《铸造行业绿色工厂评价要求》《铸铁熔炼工序能耗限额》及《铸造企业资源综合利用设计及评价规范》等一系列行业标准即将颁布实施，绿色铸造成为众多企业的追求目标，行业陆续涌现出一批绿色铸造企业，在工业和信息化部开展的前五批绿色工厂评定中，有 43 家企业成功入围。另外，行业建成了一批铸造固体废弃物再生循环利用基地，年废砂再生量已超过 400 万 t，废砂再生循环利用比例逐年提高，环保型黏结剂等绿色铸造辅助材料的研制应用也取得较快进展。通过大力推进节能减排绿色铸造技术研发及推广应用，到 2025 年，无机黏结剂等绿色造型材料将更加广泛地示范应用，年铸造废砂再生循环利用量预计可达 800 万 t 以上，吨铸件综合能耗显著降低，培育建设一批绿色铸造工厂，行业绿色铸造发展水平持续提升。

绿色铸造是一种资源消耗低、制造精度高、铸件性能好、废弃物排放少、作业环境与环保水平更好的铸造生产方式。它覆盖铸造生产过程的全产业链，包括绿色设计、绿色铸造材料、精密铸造工艺、数字化铸造装备，以及除污、除气、除尘和降噪等设备。发展"优质、高效、智能、绿色"铸造已成行业共识。要实现绿色铸造，需要从铸件设计、工艺设计、能源消耗、原材料消耗、铸造工艺以及生产装备等方面入手，开发绿色铸造工艺设计、绿色铸造原辅材料、绿色铸造工艺及装备，建设绿色铸造车间、绿色铸造工厂和绿色铸造园区，实现铸造行业的绿色发展、可持续发展，尽可能减少资源消耗与污染排放，实现能源低碳化、原料无害化和生产洁净化，推动铸造行业的数字化、绿色化、智能化高质量发展。

要实现绿色铸造，还需要在以下方面努力：

1）强化铸造技术创新，突破绿色铸造的基础共性关键技术，研究铸造过程宏/介/微观多尺度与气/液/固多相耦合数值模拟方法、复杂铸件工艺/组织/力学或使用性能的耦合数值模拟方法、高精高效的铸造缺陷定量化预测方法、基于数值模拟的智能化铸造工艺优化设计技术，研发环保型有机黏结剂、无机黏结剂、水基涂料、低碳/无碳黏土湿型砂等少无污染的绿色砂型铸造原辅材料，提升铸造行业的创新能力。

2）进一步攻关高端装备用高质量铸件的先进铸造成形工艺，揭示高性能合金材料铸造成形机制，进一步提升超大型单晶铸造叶片、舰船用超大型大功率中低速柴油机关键部件、大功率海上风电铸件、核废料储存罐、高端液压铸件等关键铸件的制造能力，推动复杂铸件高性能、轻量化、精密化铸造。

3）研发数字化、智能化、绿色化铸造装备，如高效节能铝合金/镁合金熔化设备、精密组芯造型设备系统、精密铸造用微波脱蜡设备、有色合金压铸/挤压/差压/半固态设备、大尺寸高效率砂型喷墨打印成形设备、砂型切削与喷墨打印一体化成形设备、砂型挤压成形与砂型喷墨打印一体化成形设备、大尺寸砂型烘干的微波烘干设备等，建设数字化绿色车间、智能绿色工厂以及示范园区。

针对目前铸造企业被纳入"一证式"排污许可监管范围，适用铸造企业的大气污染物排放标准指标更严、覆盖范围更宽，无组织排放全面纳入标准的控制要求，对铸造企业环保安全与绿色发展提出更高要求，更需要加大节能环保装备及安全设施投入，研究铸造生产粉尘、烟尘、有害气体净化处理技术及装备，改进传统砂型铸造生产模式，推动传统铸造生产模式的创新发展，提升铸造企业管理水平和生产工艺水平，争创建设更多的绿色铸造企业与绿色示范工厂。

2.2 绿色铸造材料

铸造用造型材料所使用的黏结剂主要分为有机黏结剂和无机黏结剂。有机黏结剂成本高、有污染；无机黏结剂成本低、环境友好，但也存在溃散性差、砂子难回收等问题。为了满足绿色生产，需要持续研究新型的绿色铸造黏结剂。国内外的科研学者们开展了一系列深入研究，如东华大学朱世根开展了一系列基于黄壤土天然黏土砂的绿色铸造工艺研究，这种工艺采用天然矿物黏土作为黏结剂，不添加煤粉等其他附加物，被称为环保砂型铸造工艺。环保砂浇注时，铸型表层砂粒在高温作用下发生烧结，生成致密的烧结壳附着在铸件表面，能够得到轮廓清晰、表面光洁的铸件。环保砂型和生产的铸件如图2-1所示。

图 2-1 环保砂型和生产的铸件

湿型砂造型一直使用膨润土和煤粉作为黏结剂和防粘砂材料，而铸元素是一种可替代膨润土和煤粉的造型材料，所制备的典型铸件如图 2-2 所示。中国重汽铸锻中心的王文中研究员研究铸件成形性能时发现，"铸元素"材料用于混制湿型黏土砂时，无须单独添加膨润土，在工艺相同的条件下，其所制备的铸件外观质量好，掉砂和粘砂缺陷明显减少，成品率提高，成本进一步降低。特别值得一提的是，型砂中没有煤粉，铁液在浇注过程中，没有煤粉燃烧带来的空气污染。

图 2-2 使用铸元素的典型铸件

德国 ASK 化学品股份有限公司研发了一种改性硅酸钠黏结剂（可根据生产要求调整组成成分）和附加物。一般硅酸钠的加入量为 1.8%~2.5%，附加物的加入量为 0.1%~1.2%，通过吹热空气方式进行硬化。该工艺提高了砂芯的强度、抗湿性和铸后溃散性，已经广泛应用于铝/镁合金铸件的生产。济南圣泉集团股份有限公司等开发出高端球墨铸铁件绿色铸造材料——木香树脂，通过小分子物质含量控制、高分子材料结构单元间的连接键控制及端基活性控制等先进技术，可以有效降低混砂过程中甲醛、NO、SO、VOC等有害气体的排放量。研究表明：使用新研制的木香伴侣固化剂，可使有害气体排放量降低40%以上。

重庆长江造型材料（集团）股份有限公司研制出水基改性硅酸盐黏结剂，通过920℃居里点热裂解气相有机物测试，与有机树脂砂相比，无机黏结剂制备的湿态砂气相污染物减少92%以上。沈阳铸造研究所有限公司通过研究提高无机黏结剂砂的流动性和充型能力、改善无机黏结剂砂的抗湿性和贮存性、提高无机黏结剂砂的硬化速度和生产率及优化有机黏结剂用量配比等方法，突破铸造用无机黏结剂制备关键技术，开发出新型无机黏结剂，并进行了无机黏结剂造型制芯应用验证，满足了造型制芯成品率、生产率、复杂型腔铸件清砂等铸造工艺性能要求。同时，该公司开发出热空气硬化无机黏结剂、CO_2硬化无机黏结剂，包括液体无机黏结剂和粉料促进剂，在汽车铝合金铸件生产中获得了良好的应用效果，实现了从铸造源头到铸造材料的绿色化制备过程及成形。热空气硬化砂芯及铸件解剖如图2-3所示。

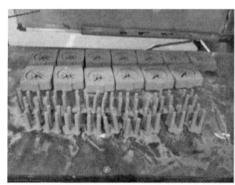

图2-3　热空气硬化砂芯及铸件解剖

2.3　数字化冷冻铸造成形技术

冷冻砂型绿色铸造技术采用水作为黏结剂进行冷冻成形，减少树脂黏结剂用量，为铸造领域提供了新的绿色铸造方法，其目标是从根本上实现铸造清洁化，助推铸造产业绿色发展与转型升级。冷冻铸造技术主要发展方向如图2-4所示。

传统冷冻砂型翻模造型技术是在低温环境下通过翻模造型工艺方法制作冷冻砂型，同时砂型制作过程中需预埋铜管制冷，其造型工艺复杂。冷冻砂型造

型铸造方法是 1970 年初英国的 W. H. Booth 公司提出的一种低能耗、低成本、少污染的铸造方法，即用普通型砂颗粒、微量膨润土和少量的水混合后造型制成湿型砂型，然后用液氮作为制冷剂使模具中的砂型固化成形后直接脱模获得铸型的一种工艺。但是冷冻砂型造型铸造方法被提出之后，由于当时技术手段、制冷能力等的限制，一直没有取得较快的发展。

图 2-4　冷冻铸造技术主要发展方向

冰模打印快速成形技术采用微滴喷射技术在低温环境下喷射液滴逐层冻结成形，利用打印的冰模代替蜡模进行熔模铸造。翻模造型时水分固液相变产生较大的相变膨胀应力，起模阻力大，尺寸精度较低。一些学者开发了另一种技术路线的冷冻铸造技术，是采用水在低温环境下冻结相变后的冰冻模型来实现熔模铸造成形的一种方法，即基于冰模的熔模铸造技术。图 2-5 所示为冰模的熔模铸造技术的工艺流程图。目前国内外制作冰模主要有两种方法：一种是冰模的快速冷冻原型技术（Rapid Freeze Prototying，RFP），另一种是用硅橡胶模具翻制冰模的技术。美国密苏里大学开发了液滴低温快速成形工艺来制备冰模，然后用冰模翻制陶瓷模型进行熔模铸造，这是将冰模打印快速成形技术和冰模熔模铸造技术结合起来的成功案例。

冰模的快速冷冻原型技术是利用切片软件，将三维立体冰模离散成二维平面图形，然后在计算机的控制下，根据离散二维模型的片层信息在特定位置喷射液滴，并在低温环境下逐层堆积获得复杂冰模的一种绿色成形方法。密苏里大学的 M. C. Leu 等人开发了冰模的快速冷冻原型微滴喷射系统，对冰模微滴喷射过程的工艺参数和液滴低温遇冷冻结进行了理论分析。清华大学的吴任东等人设计出冰模快速成形机系统，研究了较复杂冰模件制造过程中微滴自由喷射技术以及从液滴喷射到液滴冻结相变过程之间多种工艺参数对冰模成形性能的影响，针对液滴喷射到冻结之间的工艺过程参数的控制提出了冰模的临界成形时间标准，并对影响微滴喷射过程液滴均匀性和冰模表面质量的多种因素进行了研究。利用快速冷冻原型设备制作的冰模如图 2-6 所示。

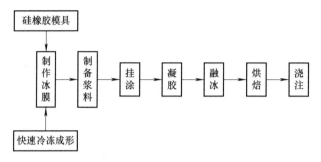

图 2-5　冰模的熔模铸造技术的工艺流程图

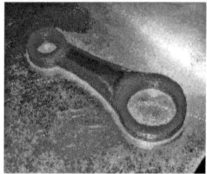

图 2-6　利用快速冷冻原型设备制作的冰模

　　硅橡胶模具制备冰模的翻模技术是预先制作一套与铸件形状完全一样的木模或金属模，其中木模或金属模等母模可以用传统机械加工方法或快速成形法来制作，然后利用制作的木模或金属模翻制硅橡胶模，再利用硅橡胶模来翻制冰模（图 2-7），将冰模浸入低温乙基硅浆料或低温陶瓷浆料中，待冰模表面形成一定涂层厚度的壳型后在 0℃ 以下进行壳型干燥硬化，最后将壳型高温焙烧来提高强度和排除水分，即可获得所需乙基硅浆料或陶瓷浆料砂型。熔模铸造出的叶轮铸件如图 2-8 所示。

　　日本从 20 世纪 70 年代后期起，各研究所在铸造行业节省资源能源、绿色铸造技术及液氮低温固化成形技术等方面进行了一些实用化的研究，称其为冷冻砂型造型（Frozen and moulding）技术。随后日本对冷冻砂型造型技术进行了冷冻砂型铸造工艺探究，具体过程如图 2-9 所示。首先使冷冻库的温度处于 -40℃ 左右，在装有排气塞的木模型板上扣上绝热砂箱，填入混有适量水分的硅砂颗粒，把砂型放置在冷冻库中，并对砂型施加低温负压，让低温空气通过型砂颗粒间的孔隙穿过型砂，使型砂颗粒中的自由水分充分冻结而完成砂型的冷冻固化，然后进行起模并在冷冻砂型的型腔中均匀喷涂厚度适中的耐火材料，放浇冒口后完成整个冷冻砂型的铸造工艺过程。

图 2-7　叶轮冰模模型

图 2-8　熔模铸造出的叶轮铸件

由单忠德等人提出的数字化无模冷冻铸造精密成形技术、数字化冷冻砂型绿色铸造成形技术以水为黏结剂，在低温条件下实现型砂黏结和砂型数字化切削/打印成形，可制造出高质量铸件。其原理是在砂型三维 CAD 模型驱动下，利用打印喷头/铣刀直接成形冷冻砂型（芯）的增/减材制造，经表面处理及组装后获得待浇注的砂型。数字化无模冷冻铸造成形方法流程图如图 2-10 所示。在造型材料方面，用水作为黏结剂，不产生有害气体，浇注后砂型溃散性好，落砂清理方便，旧砂可回收利用。该方法将冷冻砂型造型技术与数字化无模铸造快速成形技术进行有机结合，既克服了传统砂型铸造技术的不足，充分体现了数字化无模铸造快速成形技术的优势，同时又用水作为黏结剂，解决了传统铸造行业使用无机或有机黏结剂等造成的环境污染问题。

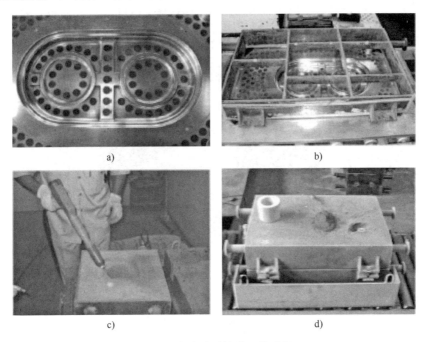

a)

b)

c)

d)

图 2-9　冷冻砂型铸造工艺过程

a）装有排气塞的木模型板　b）型板、砂箱组合过程　c）型腔涂抹耐火材料　d）冷冻砂型浇注

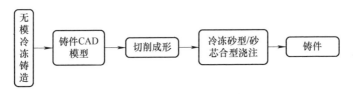

图 2-10　数字化无模冷冻铸造成形方法流程图

　　机械科学研究总院的杨浩秦博士系统地研究了 100 目、200 目硅砂及锆英砂在不同含水量及冷冻温度下砂型强度、透气性和表面硬度的变化规律。图 2-11 所示为 100 目硅砂冷冻砂型在不同含水量和冷冻温度下的强度变化规律。该研究结合砂型铸造的性能需求优选出适宜的含水量及冷冻温度；结合计算机断层扫描技术和轮廓识别算法统计了含水量为 4%（质量分数）的湿型砂颗粒中的水膜形状和尺寸，从微观层面揭示了不同材质冷冻砂型强度影响机制；通过冷冻砂型原位低温受载试验对冷冻砂型断裂形貌进行表征，建立了冷冻砂型断裂过程的法向、切向和滚动力学模型。

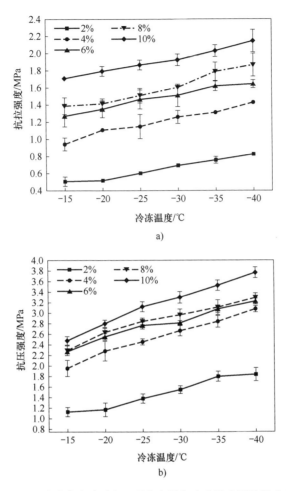

a)

b)

图 2-11　100 目硅砂冷冻砂型在不同含水量和冷冻温度下的强度变化规律

a）抗拉强度　b）抗压强度

　　围绕数字化冷冻砂型绿色铸造技术与装备的关键科学和技术问题，将来需要进一步重点研究冷冻砂型浇注系统设计、低温切削成形精度控制、低温铸型绿色铸造控形控性工艺、数字化冷冻砂型低温切削成形装备，并开展冷冻砂型绿色铸造应用验证。具体需要开展以下研究：

　　1）冷冻砂型数字化成形机理研究。研究水黏结剂调黏改性技术，开发冷冻铸造专用水黏结剂；开展水基冷冻砂型复合成形机理及宏微尺度精准控制机制研究，构建不同材质冷冻砂型冻结温度、粒径尺寸、成形工艺等多参数耦合下砂型多孔介质横向扩散与纵向渗透规律，揭示水黏结剂低温喷射渗透和沉积固化多参数耦合机理；研究型砂多孔介质中水黏结剂液固转变过程，揭示冰晶黏结桥界面结合及调控机制；研究冷冻铸造过程高温熔体和冷冻砂型界面瞬态热流传导过程，提出大温度梯度下合金凝固组织转变和多尺度协调控制方法，揭示铸件凝固成形与冷冻砂型强度保持协同控制机制，实现冷冻砂型绿色铸造铸件的精确凝固成形和宏微观性能一体化调控。

2）铸件冷冻砂型绿色铸造成形工艺技术研究。针对冷冻砂型数字化高精高效成形需求，开展冷冻砂型绿色铸造成形工艺研究。其主要内容包括：研究冷冻砂型铸造传热传质机制，优化设计冷冻砂型浇冒口、浇道铸造工艺，建立冷冻砂型铸造浇注系统设计准则；揭示低温加工条件下刀具与型砂颗粒相互作用机理，构建冰晶黏结桥断裂机制；研究切削速度、成形温度、含水量等工艺参数对冷冻砂型成形质量及基础铸造性能之间的映射关系；构建砂型数字化成形工艺数据库，并在此基础上采用数据驱动方法建立砂型数字化成形工艺-性能预测模型，进行工艺参数优化；提出冷冻砂型成形精度闭环控制方法，建立冷冻砂型成形精度主动补偿模型，实现冷冻砂型数字化成形及铸造性能协同调控。

3）数字化冷冻砂型低温切削成形装备研制。开展冷冻砂型数控加工成形装备主体结构研究，研制区域控温装置、随动排砂装置、运动加工系统、视觉在线测量系统、开放式控制软件等关键系统，开发数字化冷冻砂型绿色铸造成形装备，研制冷冻砂型低温运输、冷冻存储等后处理辅助装置，实现冷冻砂型数字化、绿色化和高性能制造。

4）铸件冷冻砂型绿色铸造应用验证研究。根据柴油发动机齿轮室盖、汽车转向节和飞行器舱段典型零件结构特征，开展浇冒系统、排气系统、熔炼工艺等冷冻砂型浇注工艺设计；基于数值仿真对冷冻砂型充型、凝固过程温度场以及铸造缺陷位置进行预测及分析，迭代优化设计铸造工艺，浇注获得合格铸件，实现数字化冷冻砂型绿色铸造技术在典型铸件产品上的应用验证与推广应用。

2.4 数字化砂型增材制造技术

无模铸造增材制造技术主要包括基于选区激光烧结的砂型增材制造技术和基于微滴喷射的砂型增材制造技术。目前，金属件直接增材技术已取得很好的发展，并在航空航天、汽车等领域推广应用。

2.4.1 基于选区激光烧结的砂型增材制造技术

基于选区激光烧结的无模砂型增材制造技术利用激光作为热源，根据铸型的截面信息以及设定的扫描路径对当前砂层进行扫描加热。通常该工艺主要使用的型砂材料为覆膜砂，激光热源将涂覆在砂粒表面的覆膜熔化实现砂粒之间的黏结，常用的黏结剂是酚醛树脂黏结剂。适用于增材制造的覆膜砂原砂主要为硅砂，也可采用特种砂（如锆砂、铬铁矿砂、陶粒砂等）作为原砂。目前，基于选区激光烧结的砂型增材制造装备主要有德国 EOS 公司开发的 EOSINT P 系列激光烧结成形机（图 2-12）、北京隆源自动成型系统有限公司开发的 LaserCore 系列成形机和 AFS-500 型成形机（图 2-13）、武汉滨湖机电技术产业有限公司开发的 HRPS 系列成形机和北京易加三维科技有限公司开发的 EP-C 系列成形机等。

图 2-12　德国 EOSINT P 系列激光烧结成形机

图 2-13　北京隆源 AFS-500 型成形机

张守银等采用 LaserCore-5300 型激光快速成形设备制备了砂型和砂芯（图 2-14），所用宝珠砂覆膜砂为 100/270 目，铺粉厚度为 0.15mm，激光烧结工艺参数确定为：激光功率为 40W，扫描速度为 2000mm/s，光斑直径为 0.4mm。

随后对所制备的砂型、砂芯进行了组型、浇注试制，所制备的管接头试制铸件的铸型内表面粗糙度平均值为 $Ra3.54\mu m$，对应的铸件表面粗糙度平均值为 $Ra1.26\mu m$。

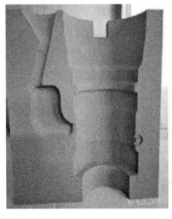

图 2-14　砂型、砂芯及实物图

2.4.2　基于微滴喷射的砂型增材制造技术

基于微滴喷射的砂型增材制造技术（又称砂型喷墨 3D 打印成形技术）原理是将固化剂或者黏结剂中的一种与原砂预混，然后逐层铺设预混砂粒，再采用阵列打印喷头受控喷射另一组分黏结剂，实现每一层砂型的打印成形，逐层打印实现整个砂型/砂芯的打印成形。该技术包括型砂预处理、铺砂、打印以及后处理等工序。根据所用树脂黏结剂的不同，砂型喷墨 3D 打印成形技术又可细分为基于呋喃树脂黏结剂的砂型喷墨 3D 打印成形、基于酚醛树脂黏结剂的砂型喷墨 3D 打印成形和基于无机黏结剂的砂型喷墨 3D 打印成形等工艺。

基于微滴喷射的无模砂型增材制造技术所用材料主要包括原砂和黏结剂。原砂包括硅砂、铬铁矿砂、宝珠砂、陶粒砂等。国内外普遍使用的原砂材料为人工硅砂，需经采矿、清洗、粗碎、细碎以及筛选等工艺加工制成。根据增材制造工艺，砂型的尺寸精度、表面质量以及分层厚度均受原砂的砂粒粒度影响，一般而言，分层厚度需为砂粒平均尺寸的 3 倍。目前，无模砂型增材制造的分层厚度在 0.35~0.5mm 范围内，因而砂粒粒度主要集中在 70~140 目范围内。对于采用微滴喷头进行黏结剂喷射的砂型增材制造技术而言，黏结剂除了要考虑铸造性能（例如强度、固化速度）以外，还需要满足一定的密度、黏度、表面张力、颗粒度、pH 值以及导电性等要求。

德国 Voxeljet 公司开发出系列化砂型 3D 打印机（图 2-15），采用的黏结剂体系主要是无机黏结剂，最大成形尺寸为 4000mm×2000mm×1000mm，喷头宽幅达 1120mm，可连续 24h 不间断工作 7 天。美国 ExOne 公司于 2019 年推出新型 S-Max Pro 工业砂型 3D 打印机（图 2-16），打印速度高达 135 L/h，能够在 24h 内生产两个 1260 L 的作业箱。它主要针对不同树脂黏结剂（例如呋喃树脂、酚醛树脂以及无机树脂等）开发配套工艺方案。

图 2-15　德国 Voxeljet VX4000 砂型 3D 打印机

图 2-16　ExOne S-Max Pro 工业砂型 3D 打印机

宁夏的共享装备股份有限公司攻克了铸造 3D 打印材料、工艺、软件等技术难题，实现了铸造 3D 打印产业化应用，开发出的砂型 3D 打印机如图 2-17 所示。北京隆源自动成型系统有限公司开发出的 3DP 喷墨砂型打印机（AFS-J1600）如图 2-18 所示，通过配备高通量工业喷头以及伺服电动机+精密丝杠等，实现砂型高效、高精度打印。广州峰华卓立科技股份有限公司已开发出第四代系列化 PCM 成形机，最大成形尺寸为 2200mm×1000mm×800mm，成形效率为

165L/h，适用于呋喃、无机盐类黏结剂及石英砂、宝珠砂、陶瓷砂等各种造型材料，可满足用户对不同铸造材料和不同铸造工艺的要求。PCM2200 成形机如图 2-19 所示。

图 2-17　砂型 3D 打印机（宁夏共享）

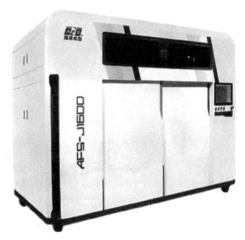

图 2-18　3DP 喷墨砂型打印机（北京隆源）

单忠德团队自主开发出多型号数字化砂型 3D 打印精密成形机，如图 2-20 所示，同时创新开发出分层加热压实的一体化成形工艺，该工艺省去了砂型整体进行后处理烘干加热的过程，而是在打印完每一层砂型之后，采用红外加热方式对每层打印的砂型进行加热处理，以加快砂型的固化速度，有效地解决了复杂砂型在整体烘干加热过程中产生的变形问题，并提高了打印砂型的强度，减少了树脂黏结剂的用量。采用该数字化砂型 3D 打印精密成形机成功制造出了航空航天领域使用的油箱砂芯（图 2-21）以及某发动机部件壳体砂芯（图 2-22），实现了复杂砂型（芯）的高精度制造。

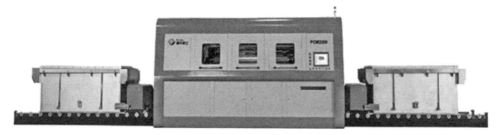

图 2-19　PCM2200 成形机（广州峰华卓立）

图 2-20　数字化砂型 3D 打印精密成形机

图 2-21　航空航天领域使用的油箱砂芯

图 2-22　某发动机部件壳体砂芯

2.5　无模铸造复合成形工艺与装备

砂型铸造从造型方法上可以分为有模铸造和无模铸造，传统的造型工艺是通过木模或金属模进行翻模制造，存在工序多、流程长、形性精确控制难等难题。传统砂型铸造工艺流程如图 2-23 所示。随着无模铸造快速成形技术的出现，砂型铸造不再需要模具，这大幅缩短了产品的研制周期，节约了造型材料，达到生产过程低排放、节能高效的目标。

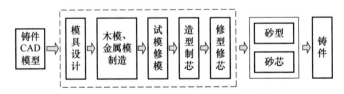

图 2-23　传统砂型铸造工艺流程

单忠德等人提出了一种砂型/砂芯曲面柔性挤压近成形、切削净成形的无模铸造复合成形方法，其工艺流程如图 2-24 所示，无需木模或金属模等传统刚性模具，通过挤压-切削一体化成形技术可实现砂型的高精高效快速制造。该成形方法针对砂型铸造性能与加工性能、成形效率与表面质量、成形精度与复杂曲面等协同性矛盾问题，攻克了造型材料、工艺方法、系统装备等关键技术，形成了具有自主知识产权的核心方法、技术及装备。该方法是铸造技术的创新，拓展了成形制造方法。

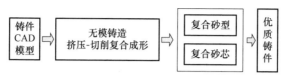

图 2-24 无模铸造复合成形工艺流程

无模铸造复合成形方法的原理是：根据铸件三维 CAD 模型，结合铸造工艺数据库和铸造模拟仿真技术，建立不同材质型砂的复合砂型三维优化模型；由三维 CAD 模型驱动砂型柔性挤压近成形、砂型切削净成形或者直接切削制造砂型/砂芯，制造出不同材质的砂型/砂芯单元；经砂型/砂芯尺寸及质量检测，坎合组装出复合铸型，熔融金属浇注制造出高品质复杂铸件，如图 2-25 所示。

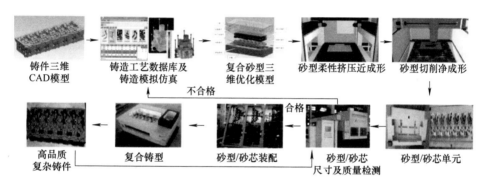

图 2-25 无模铸造复合成形方法的原理

▶ 2.5.1 无模铸造复合成形工艺

无模铸造复合成形工艺流程主要分为以下 7 个部分：

（1）数字化及轻量化设计 在铸件设计之初，可考虑进行轻量化设计，如通过运用高牌号灰铸铁、蠕墨铸铁来减小铸件的壁厚。基于无模铸造复合成形技术进行铸型设计可取消起模斜度，以实现铸件轻量化设计与制造。

数字化设计就是根据金属铸件的结构特点，以及铸件的材料、铸件质量和尺寸精度等要求进行综合分析，对整个铸件进行铸造工艺设计，包括砂芯设计、铸造工艺参数选取以及浇冒口系统设计等。

（2）铸造工艺模拟及仿真 确定浇注温度和浇注速度，利用铸造工艺数值模拟软件对铸件浇注过程的流场及温度场进行仿真模拟。分析浇注过程流场和温度场的变化，观察是否有涡流、喷溅现象及明显的速度波动；还可以模拟分析是否有铸造缺陷，如缩孔缩松、裂纹等；最后根据计算结果优化出合理的浇冒口系统方案。

（3）铸型分模　确定优化的铸造工艺后，首先根据整体铸型的结构特点，确定分模数量，其次通过表面设计合适的坎合结构类型，实现分块铸型定位锁紧组装，最后为每个铸型单元选择不同型砂、设定收缩率，以及设计内部是否需要预埋冷铁、冷却管道和排气管等。

（4）砂坯制备　砂坯的制备需要准备原砂、黏结剂、固化剂等原材料。原砂的颗粒尺寸不能过小，否则原砂流动性差，铸型透气性也变差；但又不能太粗，否则会使铸型表面粗糙，达不到精度要求，且影响刀具寿命。综合考虑，无模铸造复合成形工艺用的原砂粒度级别为 50/100（平均粒径为 0.150mm）、70/140（平均粒径为 0.106mm）或 70/140 和 50/100 的级配。水玻璃砂、覆膜砂等也可应用于无模铸造复合成形工艺，能够满足铸件产品质量和环保要求，实现绿色清洁铸造生产。砂坯的抗拉强度应大于 1.5MPa，其原因为：一是可以防止加工过程中坍塌，二是可以获得良好的铸型加工精度和表面质量。

（5）砂型/砂芯加工制造与检测　针对砂型剖分后的单元模块，根据复合铸型复杂度评价原则，选用相匹配的无模铸造复合成形工艺进行加工，包括砂型挤压-切削一体化成形工艺、三轴砂型切削加工成形工艺、五轴砂型切削加工成形工艺等。并对制造完的砂型、砂芯单元进行精度、质量及铸造性等方面的检测。

（6）复合铸型坎合组装　将加工好的砂型/砂芯单元进行组装，采用坎合方式进行各分块单元的组装，以保证铸型整体的组装精度。

（7）浇注　将组装好的铸型涂上涂料，并在铸型结合面和芯头配合面的四周，采用封箱膏密封，防止金属液流入，造成披缝，影响砂芯气体的排出和造成铸造缺陷。然后进行液态金属的浇注、落砂、清理和检测，最终制造出高质量铸件。

▶ 2.5.2　多材质复合铸型工艺

▶ 1. 多材质复合铸型原理

多材质复合铸型如图 2-26 所示，其原理是：首先根据大型复杂铸件的结构特点设计铸型，并对铸件、铸型采取一体化几何三维 CAD 建模，然后对其设置边界条件及工艺参数进行铸造工艺有限元模拟计算，结合模拟分析结果，综合考虑铸件局部凝固特点，确定出合理的型砂材料及配比。再单独设计每一块铸型单元，铸型单元可选用树脂砂、水玻璃砂、锆英砂等不同造型材料，例如对热节、转角处及散热条件不好的部位可采用铬铁矿砂或者钢丸混砂（耐火度高、激冷能力强），内部复杂砂芯采用发气量小的树脂砂，对力学性能要求高的部位可采用透气性好的水玻璃砂。每块铸型单元也可分别设置不同的收缩率，铸型内部根据需要也可设计预埋冷铁、冷却管道及排气管等。另外，每块铸型单元之间的定位与组装可通过设计不同形式的坎合结构来实现。接着依据设计好的铸型方案，采用数字化无模铸造精密成形设备或者砂型3D打印成形设备并根据各铸型单元三维CAD模型进行加工，最后经过坎合组装得到浇注所需铸型。总之，通过该技术可获得高质量、高性能及结构优良的铸件。

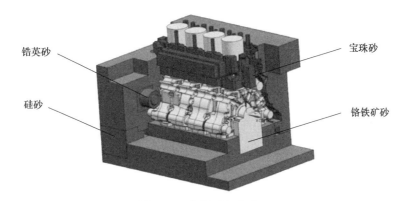

锆英砂

硅砂

宝珠砂

铬铁矿砂

图 2-26 多材质复合铸型

多材质复合铸型工艺造型材料选择原则如下：

1）铸件壁厚≥10mm时，钢丸混砂和锆英砂可作为激冷砂代替冷铁使用。

2）铸型材料为锆英砂和铬铁矿砂时，可获得高力学性能的铸铁件。

3）铸型材料为水玻璃砂和宝珠砂时，可获得尺寸精确的铸铁件。

2. 多材质复合铸型工艺及应用示范

以某船用发动机部件壳体为例，其外形尺寸为754mm×603mm×472mm，厚壁约为55mm，最薄壁为8mm，壁厚差异非常大。该壳体件为发动机的重要部件，两侧与气缸盖相连，中间安装有隧道式曲轴，因而要求铸件两侧及中间部位必须具有较高强度与尺寸精度。考虑铸铁件形状复杂且壁厚不均，结合多材质复合铸型工艺特点，铸造工艺设计时将整个铸型拆分为9个砂型单元。因锆英砂与铬铁矿砂蓄热系数大，凝固速度快，且铬铁矿砂具有防粘砂作用，故在两侧与气缸盖相连处应用锆英砂，在中间型腔厚壁处3个砂芯应用铬铁矿砂，其余砂型单元均应用树脂砂。壳体多材质复合铸型如图2-27所示。

图 2-27　壳体多材质复合铸型

▷▷ 2.5.3　数字化无模铸造复合成形装备

我国单忠德团队创新研究突破了复杂铸件高效率、高性能、高精度的无模铸造复合成形关键技术与装备，并已开发出系列化的数字化无模铸造精密成形机（图 2-28），其成形范围覆盖 500~10000mm 之间多种标准序列，能够成形各种复杂曲面，最大加工铸型尺寸可达 10000mm×3000mm×1000mm。

a)

图 2-28　数字化无模铸造精密成形机

a）CAMTC-SMM2000S

b)

图 2-28 数字化无模铸造精密成形机（续）

b) CAMTC-SMM10000

砂型数字化柔性挤压成形技术是一种近成形技术，通过挤压成形设备来数字化控制离散挤压触头的升降，以实现对所需砂型轮廓的近似逼近，然后通过填砂、固化成形获得砂型的近净形体。该技术成形效率高，配合无模铸造精密成形技术可以加快铸型制造速度，缩短产品试制时间，降低生产开发成本和风险，减少原材料消耗及环境污染，最终实现复杂金属件快速制造。数字化砂型柔性挤压成形工艺流程如图 2-29 所示。

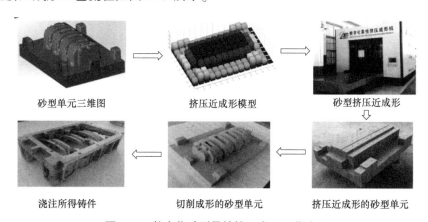

| 砂型单元三维图 | 挤压近成形模型 | 砂型挤压近成形 |

| 浇注所得铸件 | 切削成形的砂型单元 | 挤压近成形的砂型单元 |

图 2-29 数字化砂型柔性挤压成形工艺流程

单忠德团队开发的系列化的砂型数字化柔性挤压成形机如图 2-30 所示，最大成形范围为 2000mm×1500mm×300mm，触头尺寸为 50mm×50mm。

a)

b)

图 2-30　数字化柔性挤压成形机

a）成形范围 1000mm×1000mm×300mm　　b）成形范围 2000mm×1500mm×300mm

▶ 2.5.4　无模铸造复合成形典型案例

▶ 1. 砂型/砂芯挤压-切削复合成形技术及应用示范

砂型/砂芯挤压-切削复合成形技术是将砂型柔性挤压成形技术和砂型切削成形技术相结合，以获得高质量砂型/砂芯，可进一步节约型砂材料，缩短砂型/砂芯成形制造时间，有效控制砂型/砂芯强度、透气性等性能。

某典型件砂型单元三维图如图2-31所示。根据砂型单元的三维图，结合砂型柔性挤压成形机的阵列触头尺寸，通过挤压触头阵列升降算法实现阵列触头位置控制，完成砂型单元的挤压近成形。挤压后近成形的砂型单元（图2-32），在无模铸造精密成形机上完成后期的切削加工，得到最终所需的砂型单元（图2-33）。

图 2-31　砂型单元三维图

图 2-32　挤压后近成形的砂型单元

若该砂型单元直接切削成形，需砂型毛坯约 115.48kg，终成形砂型为 52.16kg，加工废砂为 63.32kg；若采用挤压-切削复合成形，通过柔性挤压近成形砂型仅为 78.25kg，终成形砂型仍为 52.16kg，加工废砂为 26.09kg，节约型砂 37.23kg，节约型砂百分比为 32.24%。由此可知，砂型挤压-切削复合成形工艺既缩短了铸型加工时间，又节约了型砂用量，符合绿色制造需求。

图 2-33　切削所得砂型单元

▷▷ 2. 砂型/砂芯切削-打印复合成形技术及应用示范

砂型/砂芯切削-打印复合成形技术是将无模铸造精密成形技术和砂型 3D 打印成形技术相结合，集成各自的技术优势，可实现复杂铸型的高柔性、便捷、经济、高效制造。

以典型油箱为例，其铸型三维图如图 2-34 所示。结合砂型切削加工及砂型 3D 打印各自技术优势，决定将具有复杂曲面的砂芯部分采用砂型 3D 打印成形，其余部分均采用砂型切削加工成形，所得砂型和砂芯单元如图 2-35 所示。

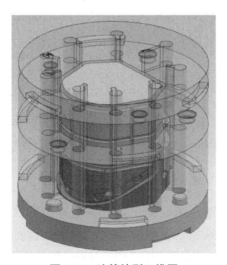

图 2-34　油箱铸型三维图

图 2-35 切削/打印所得砂型和砂芯单元

经检测，砂芯单元的尺寸精度误差在砂型 3D 打印的精度误差允许范围（±0.5mm）之内，砂型组装精度误差也在允许的范围（CT8 级，±1.3mm）之内。

3. 涡轮增压器壳体的无模铸造复合成形工艺研究

（1）铸件特征分析 零件外形尺寸为 418mm×412mm×176mm，铝合金材质，质量为 12kg，基本壁厚为 5~6mm，工艺出品率为 86%。涡轮增压器壳体的三维模型如图 2-36 所示。

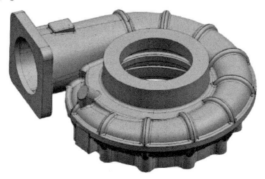

图 2-36 涡轮增压器壳体的三维模型

（2）浇注系统设计　浇注系统设计结构如图 2-37 所示，该浇注系统采用底注式，有一处直浇道和六处内浇道（均匀分布在底部）；顶部开设冒口，可容纳足够量的金属液供补缩，同时可充当排气通道。

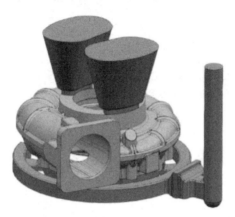

图 2-37　浇注系统设计结构

（3）铸造砂型分模方案设计　根据铸造工艺的浇注系统方案，利用 UG 软件对铸造工艺进行分型方案设计，外模方案包括上、中、下三层，砂芯分为主体砂芯、底部砂芯以及一个活块，总体共六块，如图 2-38 所示。

图 2-38　分型方案

（4）数字化无模铸造复合成形　采用自主研发的 CAMTC-SMM2000 等系列化的数字化无模铸造精密成形机进行外模加工，将铸造砂型的加工程序导入到无模铸造精密成形机中即可快速成形，整套外模的加工时间仅为 48h。针对砂芯结构复杂、体积小的特点，采用自主研发的 CAMTC-SMP600 数字化砂型 3D 打印设备进行增材成形。对砂芯三维模型通过切片软件进行分层处理，将三维模型转化为二维图片，再将二维图片导入到运动控制软件中，控制打印机喷头在指定位置喷射树脂，将砂芯黏结成形。数字化无模铸造复合成形过程如图 2-39 所示。

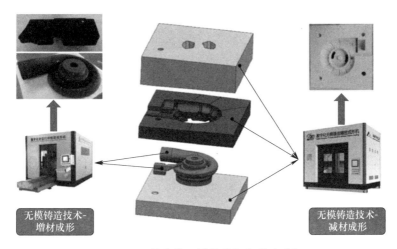

图 2-39　数字化无模铸造复合成形过程

（5）砂芯装配　整套砂芯加工完成后进行砂型数据检测、预装配。将外模与砂芯装配到一起，为后续浇注工序做准备工作。组装完成的砂型如图 2-40 所示。

图 2-40　组装完成的砂型

（6）砂型合模浇注成形　按照铸造工艺要求将砂型进行组装，然后浇注，得到涡轮增压器壳体毛坯铸件，如图 2-41 所示。

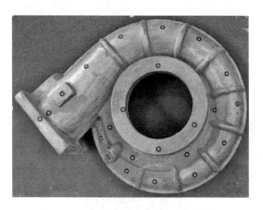

图 2-41　涡轮增压器壳体毛坯铸件

2.6　数字化绿色铸造系统与装备

数字化绿色铸造系统与装备包括绿色智能造芯、自动喷涂、下芯检测、打铸号、钻孔等铸造过程中的数字化智能化装备，可实现装备及系统之间的及时响应，提高装备整体利用效率及智能化水平。

▶ 1. 数字化绿色铸造工艺专家系统

随着单件小批量铸件产品的需求越来越多，采用传统的工艺设计方法，需要进行多次工艺试验来优化工艺流程，时间和成本都很高，不利于市场竞争。绿色铸造工艺专家系统以铸件为主导，针对铸造过程中的工艺信息进行管理和辅助设计，并可在产品数据管理模块进行查看与导出，实现了铸造工艺数据快速采集、完备管理、电子手册导出等功能；根据专家系统所输出的方案进行选择及优化，可减少人为主观因素造成的参数选择不合理等弊端，从而提高铸造工艺设计的准确率和可靠性，让铸造工作更加人性化、规范化和科学化。

根据系统设计要求，结合实际的生产制造过程，典型绿色铸造工艺专家系统功能模块如图 2-42 所示。

▶ 2. 砂芯自动化取芯、修芯、组芯、涂料系统

砂型批量生产车间采用冷芯盒制芯工艺，使用机器人取芯、组芯、修芯、浸涂、搬运、下芯等工艺，实现全自动化生产。砂芯自动化制芯系统的制芯工步采用全自动的辊道输送系统输送砂芯，并缓存部分砂芯以匹配造型线生产，机器人和输送辊道之间采用 PROFINET 总线方式连接进行信号交换。

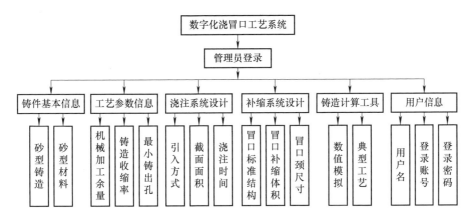

图 2-42　典型绿色铸造工艺专家系统功能模块

目前国内已经开发了一种适合发动机缸体、缸盖铸造的砂芯智能化组芯系统及工艺，采用全自动化方式实现机器人转运、涂胶、浸涂、打标、钻气眼、组芯、打包和下芯。全组芯工艺提高了砂芯定位精度及连接可靠性，使得缸体精度由 CT9 提高到 CT8。同时，开发了铸型、砂芯表面涂料的烘干设备，包括烘房及位于烘房内的微波发生装置，能够实现对铸型、砂芯表面涂料的烘干，且一套烘干设备能够对多种结构形状尺寸不同的铸型、砂芯表面的涂料进行烘干，适用范围非常广。

在铸造生产中，砂芯成形后在分型面会出现明显的坯缝，需要进行修整并去除坯缝，以保证砂芯的精度和质量，进而获得良好的铸件质量。修整砂芯主要靠人工完成，修整效率低、随意性大，砂芯的一致性差。为此，某企业设计了一种铸造修芯机，该修整器可以自动对砂芯外部的坯缝进行修整，修整后的砂芯表面光滑，总体质量好，并改善了工人的劳动强度。另一企业发明了一种砂芯振动自动修毛刺装置，修芯前打开振动器，把制好的砂芯分模面水平放在装置上，随着振动砂芯会自动落到剔毛刺厚板以下，毛刺会被全部清除掉，从而大幅度提高生产率。涂料对砂芯质量影响较大，一定程度上决定了铸件的质量或缺陷（如粘砂、烧结、脉纹、气孔等）。采用浸涂工艺可实现大批量自动化、数字化生产。机器人自动浸涂系统如图 2-43 所示。

同时，需要建立型砂自动化检测控制系统、砂型/砂芯自动化立体存取系统。砂型/砂芯自动化立体存取系统主要由砂型/砂芯存储搬运系统和仓库管理监控系统组成。砂型/砂芯存储搬运系统主要负责砂型/砂芯的搬运和移动。通过利用负责货架作业任务的堆垛机可实现自动化立体搬运砂型/砂芯。

图 2-43　机器人自动浸涂系统

▶▶ 3. 数字化绿色熔炼与定量化浇注系统

铸造熔炼原辅材料种类多、进料途径多样，因企业原辅材料入库检验和消耗计量缺乏标准、管控混乱等，导致熔炼材料质量管控难，影响正常熔炼生产，并造成能源及材料浪费，铸件废品率高。因此，提高铸造企业仓库熔炼原材料的质量和铁液的纯净度，减少熔渣、烟尘和废气等废弃物，需要使用数字化绿色熔炼与定量化浇注系统。

原材料净化处理是获得优质铁液的重要基础，通过建立熔炼原材料入库检验标准以保证原材料质量，开发熔炼材料质量管控系统以实时统计熔炼原材料库存，实现熔炼原材料高效管控、优化选材和自动配料、系统合理选材配料；开发在线成分检测和孕育系统，缩短出炉前的铁液保温时间；开发基于 RFID 技术的铁液出炉和浇注过程跟踪与评价软件系统，实时采集分析铁液熔炼和浇注参数等，实现炉料熔炼铁液成分微调整，保证了原材料质量，减少或杜绝了熔炼原材料浪费，减少熔渣和烟尘，提高一次熔炼合格率，缩短保温时间，节约熔炼至浇注过程电能消耗，实现铁液熔炼浇注过程绿色化。

通过建立熔炼原材料管控系统，分析历史铁液熔炼合格率，建立不同材料合格来源的数字化管理，保证炉料质量，同时在合格材料入库后建立库存量、洁净度管理，避免熔炼过程中因超储或缺货导致管理成本升高，或者因氧化变质、混入杂质等导致熔炼不合格，而引起原材料浪费。熔炼原材料管控系统功能结构如图 2-44 所示。

炉料称量不准以及入炉后缺乏准确及时记录，往往导致技术人员无法精确调整铁液成分，事后无法准确分析熔炼过程对铸件质量的影响。绿色配料系统能够通过电动慢放电磁吸盘炉前加料系统和一分二型两料仓合金配料系统，分别对生铁、废钢等形状不规则料和硅铁、硅锰颗粒状合金等精确加料，以保证熔炼加配料的精度。绿色配料系统的加料配料数据通过网络传入后台数据库，并可通过软件进行实时查询和显示。

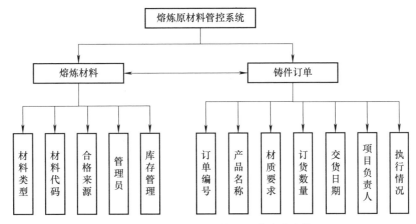

图 2-44 熔炼原材料管控系统功能结构

铸件的质量，特别是如高强度、高精度的发动机缸体铸件的质量，与其材质有着密切关系。绿色熔炼系统通过建立试样凝固样本库和铸件理化参数库，采集当前铸件使用冷却温度与历史样本进行冷却曲线对比，预测当前浇注铸件的成分、机械性能、金相组织，以及球化率或蠕化率等指标。通过热分析样本采集炉前铁液冷却温度，可以同时对出铁、浇包、浇注后铁液试样数据进行采集，记录同一炉铁液在三种情况下的理化参数，并通过最终分析运算，综合分析铁液和铸件性能，系统温度采集和分析流程图如图 2-45 所示。

定量化浇注是金属铸造生产中的重要工序，提高定量浇注过程的自动化和可控化水平是当前铸造业迫切需要解决的问题。定量化浇注系统能够准确控制每一箱铸件的浇注重量和时间，实现多种产品不同浇注工艺的自动切换，还能够实现熔炼材料的有效管控、自动化精确加料配料、铁液质量快速检测和调整、铁液浇包跟踪和铸件质量评价。熔炼过程中的数据得到了实时记录、反馈，有助于在线调整，缩短铁液保温时间，提高铸件合格率，降低能源消耗。

▶ 4. 典型复杂铸件绿色后处理技术

传统铸件清理过程人工劳动强度大、工作环境恶劣、打磨效率低，故铸件柔性、高效清理尤为重要。铸件浇注冷却后进行落砂，铸件的清砂工艺有很多种，最普遍的工艺是振动清砂。铸件在振击头与弹簧的共同作用下形成谐振，由于铸件与内腔砂团的谐振频率不同，内腔紧实的砂团会松散流出。通过优化振击头结构和材料等开发出一种高频振砂设备，其振动频次可达 750 次/min；并通过仿真模拟找出与振击力和高频振击速度相匹配的弹簧规格，使铸件在清砂过程中形成最佳的谐振，达到振砂时间短、效果好的目的。振动清砂结构实物图如图 2-46 所示。

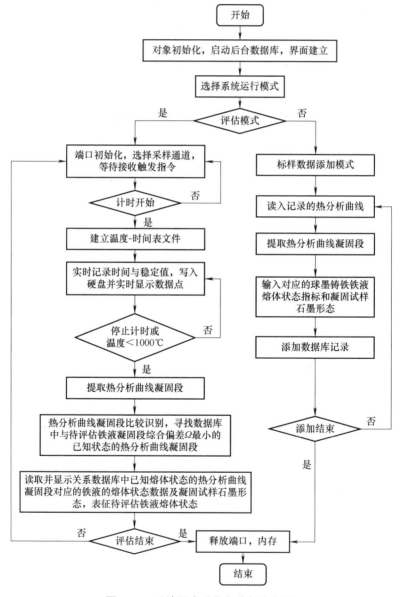

图 2-45　系统温度采集和分析流程图

图 2-46　振动清砂结构实物图

　　铸件生产在工艺上需要浇注系统及冒口系统，故人工清理劳动强度大、效率低。为实现自动化去除浇冒口，有多家单位进行了浇冒口去除工艺的研究，通过液压胀断方式使浇冒口与铸件分离，鉴于铸件种类较多且位置多变，国内某企业设计了铸造转向节的去浇口专用机床，主要由设备机身、锯削部分、钻孔部分、进给工作台和夹具部分等组成。该设备结合悬挂式配重，灵活驱动工具适应各种铸件及位置的清理，且效率比原来人工清理提升 1 倍。

　　（1）铸铁内腔表面清理系统　有的铸件表面质量要求很高，铸件表面经过抛丸处理后，存在内腔喷不到的问题，因此达不到质量要求。为此，需要开发针对不同铸件形状性能的个性化内腔喷丸系统，即内腔表面清理系统（图 2-47）。该系统采用机器人抓取喷头，通过机器人程序驱动，实现不同铸件内腔要求。内腔表面清理系统由喷砂系统、工作台、丸料回收、除尘系统、机器人及其控制系统等组成，通过 4 台机器人同时工作，来满足铸件各个面及效率的要求。

　　（2）铸件高效柔性打磨设备　铸件高效柔性打磨设备将专用工装、清理机器人、控制器和先进的系统数据库技术相结合，针对不同规格型号的铸件深入进行与工艺参数匹配的清理工艺研究，实现不同类别铸件清理过程的个性化、数字化、自动化生产，以缩短铸件清理时间，提高铸件的清理效率与质量。

▶▶ **5. 原辅材料及余热回收再利用技术及系统**

　　铸造后的废砂排放量大，需要采用物理、化学或加热处理的方法去除废砂砂粒表面上包裹的黏结剂惰性薄膜及有害微粒、粉尘等杂质,使其恢复到与原砂相近,并可代替新砂使用,最终达到循环使用的要求。

图 2-47　铸铁内腔表面清理系统

(1) 废砂、粉尘收集及循环再利用　铸造废砂可分为单一废砂和混合废砂两大类:单一废砂是由一种生产工艺产生的废砂,如树脂自硬砂、冷芯盒树脂砂等;混合废砂是由几种生产工艺产生的废砂,如潮模砂造型和有机砂芯产生的废砂。废砂处理系统一般由带式输送机、悬挂式磁选机、斗提机、废砂斗、卸料器、废料小车、除尘系统组成,用于清理单元、机械手抛丸机及车间清扫废弃物的收集、处理、排放。废砂回收利用目前主要采用机械再生和热法再生,机械再生是通过砂粒摩擦、碰撞去除黏结剂实现再生的,而热法再生是通过加热、灼烧黏结剂实现再生的。单一废砂一般可选用热法再生或者机械再生中的一种;混合废砂则选用热法再生+机法再生。如一汽铸造有限公司利用热法再生+机械再生技术对黏土湿型废砂和无机树脂黏结剂废砂进行回收利用,再生后的无机型再生砂各项性能指标均优于新砂,避免了废砂污染。

(2) 粉尘、废气高效捕集及净化系统　铸造过程中会产生大量的粉尘、废气,其中含有许多的有害物质。为了保证生产率、保护工人健康,必须进行粉尘及废气的收集和过滤,使其符合法定排放水平的要求。针对粉尘及废气的处理一般分为高效捕集系统、废气净化系统及空气室内净化循环再利用系统。如浇注时产生的烟气由排烟罩抽取,并经过水幕净化除尘装置过滤后达到排放要求。

(3) 铸造过程余热回收系统　由于铸件落砂后的温度一般为 150~400℃,

在铸件未降到常温前把铸件装进退火炉，利用铸件的余热进行退火，可节省大量的能源。退火炉采用贯通式，落砂后的铸件直接利用机械手进行浇冒口及搬运等工作，把铸件直送入贯通式热处理炉，铸件高温入炉退火，小幅升温至550℃，可节省一定的能耗。

广西玉柴机器股份有限公司联合机械科学研究总院围绕发动机铸造工艺数据的全过程管理，通过对铸造工艺专家系统、优质铁液高效熔炼及定量浇注系统、铸件高效柔性打磨设备、车间能量计量及装备运行优化管控系统、关键绿色铸造工艺及装备等的研发与集成创新，创建了发动机复杂铸件的绿色铸造车间（图2-48），提高了铸造车间的设备及能源利用效率，节约了铸件制造过程资源和能源的消耗，降低了制造资源的环境影响度。该绿色铸造车间可为我国发动机企业、铸造行业的绿色化建设起到引领和示范作用。

图 2-48　绿色铸造车间

山东滨州渤海活塞股份有限公司针对国内活塞铸造自动化水平低、工人劳动强度大、废品率高、能源浪费大的生产模式的问题，开展活塞铸造工艺特点及其关键技术的研究，形成了一种新型的汽车发动机活塞铸造自动化生产模式，并以此为技术平台研制了汽车发动机活塞铸造自动化成套装备，基本实现了装备的绿色设计，具有铸造生产率高、成品率高、工人劳动强度小、环境污染小的优点。

江苏恒立液压股份有限公司开发的高精密液压铸件绿色制造智能生产线（图2-49）综合运用增材制造、合金绿色熔炼、精确喂丝球化、全自动化浇注等先进技术与装备，全面集成铸造信息、产品生命周期管理（PLM）、生产信息化管理系统（MES）、企业资源计划（ERP）等信息化系统，可实现产品从合金熔炼→制芯造型→定量浇注→柔性清理→废砂再生处理等制造全流程智能化生产与信息化管控，还可实现生产车间远程监控、指令实时调整，科学配置资源。

第❷章　绿色铸造工艺与装备

图 2-49　高精密液压铸件绿色制造智能生产线

中国汽车工业工程有限公司结合铸造行业的焦点和实例，创新铸造新技术，开发出绿色铸造车间。基于绿色铸造车间的思想，该公司提出了集中除尘系统、车间通风与送风相结合的通风空调设计方案，进行了系统性设计，取得了很好的环保效果，改善了车间的空气品质，提高了工人的舒适度。

2.7　绿色铸造工艺与装备的发展趋势

未来，中国绿色铸造的发展方向是将数字技术与铸造技术深度融合，如应用全流程计算机模拟仿真、无损检测和尺寸测量数字化新技术等。铸造过程的工艺模拟仿真得到普及，快速铸造、熔模铸造、压力铸造（反重力铸造和挤压铸造）、消失模铸造、定向凝固等先进技术被广泛关注；铸造智能化系统、智能化铸造工艺设计、铸造材料热物性参数数据库、铸造模拟仿真软件等与数字化、智能化相关的技术将蓬勃发展。同时积极开发绿色铸造新材料、新产品、新工艺，提高产品合格率和质量稳定性，控制好成本，助力高附加值产品发展。总体而言，在面对典型复杂航空器舱体结构件、高推重比发动机、典型大型船用发动机铸件等特定需求方面，铸造业需在数字化、复合化、绿色化和智能化等方面持续改进提高。

面向未来装备制造业发展需求，铸造技术将向数字化制造发展，即从铸件设计到产品使用全生命周期的模拟仿真与计算分析；铸造工艺、装备绿色化发展将更加显著，轻量化材料成形技术及装备、铸件轻量化制造技术需求将更加迫切；铸造成形将从近净成形向净成形发展，使铸件精度及性能获得进一步提升；为适应单件、小批量铸件个性化定制发展，砂型铸造技术将从有模铸造向无模铸造技术发展，无模铸造精密成形技术、增材制造成形技术等新技术、新装备将取得进一步发展；面向铸造生产全过程的智能化技术将得到进一步发展，未来将建成若干智能铸造车间、智能铸造工厂，助推铸造向优质、高端、精密、绿色、高效方向发展。

结合我国当前的研究现状，绿色铸造技术发展主要体现在以下几个方面：

▶▶ 1. 精密化、复合化推动复杂铸件高精度制造

为实现节能节材和高精度、高效率、高质量铸造，铸造技术向近净成形、精密成形、精准成形、复合成形制造方向发展，以进一步减少加工余量，提高铸件质量。随着航空航天、轨道交通、新型舰船等复杂装备的加速创新，迫切需要根据装备特定零部件的不同功能，借助计算材料学、先进结构设计理念和个性化制造方法，实现材料微观组织和宏观结构设计与制造一体化复合。航空发动机、燃气轮机、导弹发动机室、大型舰船螺旋桨、汽车与轮船曲轴等复杂、难加工零部件高精、高效、短流程制造等亟须集成多种工艺于一体的柔性复合加工装备，在缩短加工周期、降低加工成本的同时，提高零件的成品率和成品质量。该柔性复合包括冷、热加工复合，增、减材复合，多能场复合，多工序的原位多工艺复合等。将增、减材制造工艺等多种不同的工艺进行复合，以兼顾多种工艺的优点，进一步提高产品的性能。例如，基于增、减材砂型增材制造及铸造过程成形原理研究、砂型的柔性挤压–切削加工一体化成形技术，可通过柔性挤压技术实现砂型的近净成形，还可通过切削加工技术提高砂型的几何精度及表面粗糙度。砂型的打印–切削加工一体化成形工艺，可通过打印技术实现复杂内部结构的制造，还可通过切削加工技术改善阶梯效应，提高砂型的精度等。金属3D激光增材制造与五轴铣削复合，将应用于航空航天发动机叶片、整体叶轮盘等精密制造。研发复杂金属件喷射沉积3D打印技术，该技术是通过将液态金属直接喷射沉积来制造近成形零件的一种新型快速凝固技术，具有制造过程工序少、成形效率高、近成形金属零件致密性好、尺寸精度高、制造成本低，有利于实现工业化生产等优点。

▶▶ 2. 绿色化赋能铸造行业节能减排

在铸造生产全过程中，以循环经济的减量化、再利用、再循环、再回收为准则，强化绿色制造工艺技术与装备创新，强化"环境–健康–安全"意识，强调"以人为本"，同时加大对企业环境保护和节能减排设备的投入，是铸造行业

保持持续、健康发展的必由之路。大力开发和应用环保树脂、无机黏结剂、水基涂料、高效发热冒口、环保型精炼剂、低碳/无碳黏土湿型砂、熔融/烧结陶瓷砂等先进铸造原辅材料，减少污染物的产生量。研发高效节能熔炼设备、热处理设备和节能压铸机等设备；优化铸造生产全过程能源管控系统，研究铸造生产余热回收利用技术及装备。突破铸造技术的铸件材料体系和温度极限，并实现大尺度复杂铸件铸造的精确凝固成形，通过材料、工艺、装备的联合创新，促进复杂铸件高质量制造。新的铸造工艺不断涌现，如轻金属的半固态铸造，基于数字化技术的3D直接打印砂型、砂芯等。针对传统砂型铸型技术存在周期长、精度低、砂型回收难等问题，持续研究数字化砂型冷冻铸造技术与装备，包括冷冻砂型冰晶黏结桥的形成机理、基于颗粒流理论的黏结桥铣削断裂模型等，研究大温度梯度、高热流密度下金属的凝固和砂型的溃散，分析冷冻砂型在高热流密度下形貌完整性与金属表面凝固时间的协同关系，研究强化冷冻砂型在大温度梯度下凝固组织和多尺度结构协调控制技术，探究冷冻砂型凝固过程物相和成分类别，建立冷冻砂型铸件凝固新理论，研发冷冻砂型成形装备等。制定、修订铸造行业能耗、物耗、污染控制、资源综合利用及清洁生产等标准规范，完善产品从设计、制造、使用、回收到再制造的全生命周期绿色标准，推动铸造企业走低碳化、循环化和集约化绿色发展道路，建设更多的绿色铸造示范基地。

▶▶ 3. 数字化、网络化、智能化赋能铸件高质量制造

随着铸造设备自动化水平日益提高，特别是机器人在铸造生产过程中的大量应用，以及计算机技术、网络技术、传感-检测技术的应用，使得铸件品质不断提升。未来将能够实现绿色铸造"材料-加工工艺-产品性能"的一体化设计，以及砂型/铸件的"控形/控性"设计制造。通过产品结构及工艺数字化设计、制造过程/铸造工艺数字化仿真、建立工艺数据库，减少设计、制造过程的工艺缺陷，降低成本，加快开发速度。通过铸造方案数字化设计、铸造工艺有限元数值模拟及基于虚拟现实技术的铸造过程可视化仿真等，指导实际生产。建立具有自学习功能的铸造工艺专家系统，提升工艺参数给定准确度和缺陷诊断能力等，进而提高铸件质量。进一步推进复杂铸件个性化快速定制的互联网+、云制造创新服务平台建设，开展装备复杂零部件个性化快速定制的智能制造新模式研究，结合互联网+、云制造等技术，将开展分布式协同设计系统、协同制造智能管理系统、标准及规范制定等方面的研发工作，建成装备复杂铸件快速定制的智能制造创新服务平台，并推广这种智能制造新模式。推动造型、制芯、清理全过程数字化、自动化、智能化，如砂芯人工视图技术，通过云纹法自动

地识别出不合格的砂芯，研发金属配料及铁液熔炼、浇注智能化系统，铸件机器人柔性清理智能化系统，铸件机器视觉缺陷检测及质量评定智能化系统等，建立智能绿色铸造车间中央控制系统，记载生产过程的数据和关键工艺数据，对车间设备运行、铸造工艺等方面进行集中控制，为生产决策、质量控制、分析及追溯等提供基础。实现远程监控、铸件质量的智能化控制和生产过程的信息化管理。持续开展铸造过程能源管控系统研究，实现企业能耗在线监测与管理，提供节能降耗分析数据，对节能管理工作进行评价，促进绿色铸造车间设备、工艺的持续改善升级。对设备状态数据和工艺数据进行实时采集，对设备自动、运行和通信等基本状态进行实时监控，对设备关键特性（包括温度、重量、浇注时间等工艺参数）数据进行实时采集。开发出从原料到铸件成品的集中管控系统，建设数字化铸造车间、铸造工厂，实现复杂铸件个性化定制与批量生产，促进铸造行业数字化、智能化、绿色化发展。

总之，数字化、网络化、智能化、绿色化制造贯穿整个产品制造和使用过程，即从开发、生产、销售、使用到回收整个产品生命周期。大力研究、推广应用数字制造、智能制造、绿色技术及装备，必将提高铸造行业的国际竞争力。研发数字化、智能化绿色铸造技术及装备，可使铸造生产更具效率、更加人性化。同时，还可实现柔性化、节能节材、高质量、高效率、网络化生产的智能制造、绿色制造，是传统产业结构调整、转型升级，并抢占新一轮发展制高点的重要途径和选择。

参 考 文 献

［1］单忠德. 无模铸造［M］. 北京：机械工业出版社，2017.

［2］中国铸造协会. 铸造行业"十四五"发展规划［J］. 铸造工程，2021，45（4）：1-14.

［3］樊自田，王继娜，黄乃瑜. 实现绿色铸造的工艺方法及关键技术［J］. 铸造设备与工艺，2009（2）：2-7；62.

［4］刘丰，单忠德，李柳，等. 大型薄壁壳体件无模铸造技术研究［J］. 铸造技术，2013，34（10）：1324-1326.

［5］左世全. 我国3D打印发展战略与对策研究［J］. 世界制造技术与装备市场，2014（5）：44-50.

［6］孙长波，尚伟，周君华，等. 激光快速成形与传统精铸技术的组合应用［J］. 航空制造技术，2015（10）：48-51.

［7］单忠德. 基于快速原型的金属模具制造工艺研究［D］. 北京：清华大学，2002.

［8］单忠德. 优质高精与绿色智能成为热加工技术发展必然［J］. 金属加工（热加工），

2011 (1): 13-14.

[9] 刘丽敏,单忠德,杨颜绮,等. 优质高效砂型/芯复合成形工艺研究 [J]. 铸造技术, 2019, 40 (12): 1281-1285.

[10] 饶江华. 精密砂型数控铣削加工工艺研究 [D]. 南昌:南昌航空大学, 2016.

[11] 尚俊玲,陈维平,李元元. 中国铸造行业发展战略分析 [J]. 铸造技术, 2007 (10): 1386-1389.

[12] 刘林. 高温合金精密铸造技术研究进展 [J]. 铸造, 2012, 61 (11): 1273-1285.

[13] 杨浩秦. 数字化无模冷冻铸造成形机理研究 [D]. 北京:机械科学研究总院, 2020.

[14] 樊自田,蒋文明,赵忠. 铝(镁)合金消失模铸造近净成形技术研究进展 [J]. 中国材料进展, 2011, 30 (7): 38-47; 56.

[15] 张德锦. 无模精密砂型快速铸造技术研究进展 [J]. 科学与财富, 2014 (5): 237-238.

[16] 谢云龙,徐志锋,张永才,等. 精密砂型数控铣削加工技术研究进展 [J]. 铸造, 2014, 63 (8): 795-800.

[17] 李栋,原晓雷,孟庆文. 3D打印技术在高端铸件研发中的创新应用 [J]. 工业技术创新, 2017, 4 (4): 67-70.

[18] 星山康洋,三宅秀和. 负压冷冻铸型铸造及其铸件特性 [J]. 铸造技术, 2015, 36 (5): 1225-1228.

[19] 马钊,靳泽聪. 铸造炉后自动加料系统设计 [J]. 铸造设备与工艺, 2020 (6): 8-11.

[20] 张娇娇,刘瑞玲,魏胜辉. 绿色铸造黏结剂的研究与应用现状 [J]. 铸造设备与工艺, 2014 (1): 54-58.

[21] 王素玉,马淋淋,杨文杰. 高效切削树脂砂铸型技术的发展现状 [J]. 现代制造工程, 2013 (8): 134-138.

第3章

——

绿色塑性成形制造工艺与装备

塑性加工是使金属在外力（通常是压力）作用下，产生塑性变形，获得所需形状、尺寸、组织、性能等制品的一种金属加工技术。它是汽车、船舶、航空航天、民用五金等领域重要的加工方法，在国民经济中占有十分重要的地位。如在钢铁材料生产中，除了少部分采用铸造方法直接制成零件外，钢总产量的90%以上和有色金属总产量的70%以上，均需经过塑性加工成材。根据加工时工件的受力和变形方式不同，基本的塑性加工方法有锻造、冲压、拉拔、拉深、弯曲、剪切等，冲压和锻造合称为锻压。本章在分析绿色塑性成形制造工艺与装备发展的基础上，重点介绍了金属板材热冲压成形技术与装备、金属板材柔性成形技术与装备、管类构件三维自由弯曲成形技术与装备、回转体构件旋压成形技术与装备、数字化近净锻造成形技术与装备等的发展情况。

3.1 绿色塑性成形制造工艺与装备的新发展

锻造是现代工业中重要的加工方法之一，它是利用冲击力或压力使金属在抵铁间或锻模中变形，从而获得所需形状和尺寸锻件的一种工艺方法。我国锻造技术取得快速发展，锻造行业规模已稳居全球第一，并连续多年成为全球锻件的第一大生产国和消费国。根据中国锻压协会统计，2019年全国锻造行业总产量为1198.4万t，功能性锻件产量约占全球总产量的39%。虽然我国锻造技术取得了巨大的进步，但与国际先进水平相比仍有差距。例如，在材料利用率和锻件综合能耗上，发达国家模锻件的材料利用率为76%~93%，我国模锻件的材料利用率为73%~78%；发达国家每吨锻件综合能耗为0.6~0.8t标准煤，我国每吨锻件综合能耗平均为1.3~1.5t标准煤。在高效锻造和节材降耗上，原材料成本占锻造总成本的60%以上，而我国目前模锻件材料利用率在80%左右，自由锻件钢锭利用率在65%左右；在模锻车间可以采用感应加热炉节能降耗，可使生产率提高10%~30%，目前我国感应加热工艺在模锻中的应用比例仅为20%左右，而北美为70%。面向高质量绿色发展，我国的锻造技术还有很大的提升发展空间，需要进一步向节能节材、提高材料利用率、提高数字化、智能化水平发展。

冲压是现代工业中的一种重要金属加工方法，基于金属塑性变形，利用模具和冲压设备对板料施加压力，使板料产生塑性变形或分离，从而制造出具有一定结构形状、尺寸和性能的零件。冲压件广泛应用于汽车、家电、农机、工程机械、电子电气、通信、轨道交通、航空航天、医疗装备、能源化工以及相关的装备制造等行业。《中国冲压行业"十四五"发展纲要》提出：企业应发展低耗能、低污染的绿色冲压成形工艺和成形装备，推广绿色工厂建筑建设，减少振动、噪声、润滑剂及后处理材料对环境的影响，实现单位工业增加值能耗、物耗及污染物排放有计划地逐步降低，树立循环经济思想，走可持续发展道路。先进的绿色冲压工艺及装备已成为行业发展的关键需求。目前汽车冲压企业仍是我国冲压行业的主体，根据中国锻压协会对全国约 50 家有代表性的冲压件生产企业连续调研统计，"十三五"期间，冲压产品的质量稳步提高，产品精度最高可达到±0.005mm，一些中高端汽车外覆盖件模具首次出件尺寸合格率达到75% 以上。冲压行业的规模发展和产品质量支撑了我国汽车行业以及家电、电子通信、航空航天等相关行业的发展，且整个行业绝大部分产品实现国产化，对我国基础制造业发展起到了应有的支撑作用。

　　近些年来，我国轻量化成形装备研究和产业发展取得了长足进步，部分装备已接近国际先进水平，一些成形装备已经出口到东南亚等地，如汽车覆盖件冲压生产线等主机产品整体达到国际先进水平；8 万 t 压机、3.6 万 t 垂直挤压机等填补了航空航天、汽车、国防军工等领域"卡脖子"装备空白。但高端成形技术与装备的自主研制能力尚未形成，在先进技术应用和制造工艺、绿色制造水平上与世界先进国家还有一定差距。例如，在轻合金成形装备方面，美国 Cameron 公司研究开发了采用 300 MN 多向模锻液压机成形大口径多通道等大型零件，一直垄断国际高端市场。德国、日本等冷、温锻技术已实现工艺、模具和设备的高度一体化集成，许多先进的冷、温锻精密成形工艺，如冷闭塞锻造、中空分流冷锻、多工位冷锻、多工位温锻成形，都是模具和设备功能集成化的工艺技术。

　　《中国制造 2025》提出全面推动绿色制造发展，建设绿色工厂，实现厂房集约化、原料无害化、生产洁净化、废物资源化、能源低碳化。制定绿色产品、绿色工厂、绿色园区、绿色企业标准体系，开展绿色评价。国家生态环境部也颁发了《固定污染源排污许可分类管理名录（2019 年版）》，污染物产生量、排放量、对环境的影响程度等要求越来越严格。清洁能源、工程机械、矿山机械、海洋工程、燃气轮机、火电核电、航空航天等行业对高性能锻件提出了广阔的发展空间。作为在机械工业中能源资源消耗较大的锻压行业企业，更需要推动绿色制造发展，实现锻造生产过程和锻造产品的绿色化。随着计算机技术、工业机器人技术以及信息技术在锻压行业的应用，发展了金属件热冲压技术、近净锻造技术、多工位高速锻造技术等，锻压技术数字化、智能化、绿色化的趋势越来越明显。使用清洁的能源和原料，节约并提高能源和原材料利用率，减少或者避免污染物的产生，减少废弃物排放，加强余热回收利用，以更好节约资源、保护生态环境、保护人体健康与安全，推动锻造企业可持续发展。欧美等发达国家高度重视锻压生产的数字化、绿色化发展，强化环境、健康、安全意识，重视创新开发节能、清洁、低排放、低污染的新型锻造材料、工艺与装备及推广应用，以实现锻压生产过程的减量化、绿色化、清洁化。

3.2 金属板材热冲压成形技术与装备

热冲压成形技术是一种专用于超高强钢板和轻质铝合金复合成形的新技术，是获得超高强度冲压件的有效途径。在热冲压成形加工过程中，成形后板材的性能取决于热冲压中的温度变化和板材变形过程，如高强钢热冲压成形后需要得到更多的马氏体组织，铝合金冲压成形后则需要更多的强化相。

采用铝合金、镁合金和高强钢等轻质材料是汽车轻量化的重要途径之一。例如：高强钢、超高强钢主要用于在保证性能的前提下降低钢板厚度，同时可保证汽车结构强度和安全性能；铝合金、镁合金等轻合金低密度材料主要用于非结构件替换，以减轻汽车重量。由于成本和价格的关系，目前汽车主要使用的轻质材料为高强钢、超高强钢，近年来因铝合金具有比强度高、抗冲击性能好、耐腐蚀性好等优点，铝合金板材件也成为国内外研究热点并在汽车上推广应用。据专家分析，达到同样力学性能指标，铝比钢轻60%，承受相同冲击，铝板比钢板多吸收冲击能50%，铝合金汽车也以其节能降耗、安全舒适、燃油效率高、相对载重能力大等优点而备受青睐。如通用汽车公司制造的Precept型汽车配有铝制车身、底盘以及前排座框架，车体结构上也有铝制部件。铝合金代替传统的钢铁制造汽车，可使整车重量减轻30%~40%，汽车上使用1kg铝，即可降低自重2.25 kg，减重达125%，在汽车整个使用寿命期内，可减少废气排放20 kg。

▶▶3.2.1 超高强钢热冲压成形技术与装备

超高强钢热冲压成形技术（图3-1）通过加热炉对板料进行加热保温，快速转移到压机上进行快速冲压成形及保压，板料在热冲压模具内完成成形与淬火，实现马氏体转变，可获得强度在1500MPa左右的超高强钢零件。热冲压成形整个工艺流程包括：落料、加热、冲压、成形、淬火、切割、抛丸等。热冲压成形关键工艺是加热与冲压，对应的关键工艺参数有板料加热温度、保温时间、冲压速度、保压时间、冷却水温度及流速等。该技术因变形抗力低、压机吨位小、零件强度和精度高、复杂零件可一次成形等诸多优势，在汽车工业，尤其是在汽车车身和底盘结构件中大量应用，成为汽车结构件制造新途径。

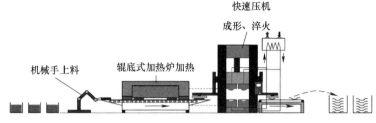

图3-1　超高强钢热冲压成形工艺原理图

在超高强钢热冲压的核心技术研发方面，国外研究较早并且发展迅速。热冲压中的温度和板材变形过程对板材性能起重要作用，国内外在热冲压工艺参数影响规律、有限元模拟分析以及实验测试等方面开展了相关研究。亚琛工业大学（RWTH Aachen University）、纽伦堡大学（Universität Erlangen–Nürnberg）机械学院、慕尼黑工业大学（Technische Universität München）、帕德博恩大学（Universität Paderborn）等在车身轻量化设计、热冲压工艺优化等方面领先，尤其是帕德博恩大学作为 Benteler 汽车技术公司总部所在地，在局部热冲压、变截面热冲压等方面做了大量的探索性工作。瑞典吕勒奥理工大学分析了热冲压过程中的成形力、板料厚度分布、硬度分布等，研究了材料的流动性能与轧制方向和应变速率的关系；意大利帕多瓦大学研究了在非等温条件下不同初始温度和不同应变速率下材料的流动应力；美国俄亥俄州立大学（The Ohio State University）近净成形研究中心在超高强钢热冲压铝硅镀层钢板与普通钢板性能对比、成形性能与失效分析等关键技术方面进行了有益的探索。日本丰桥技术科学大学（Toyohashi University of Technology）对超高强钢剪切性能和模具开发进行了研究。东京大学（The University of Tokyo）研究了热冲压回弹行为。韩国的庆北大学（Kyungpook National University）和韩南大学（Hannam University）等也开展相关热成形技术研究。法国阿塞洛（Arcelor）集团开发出 Usibor1500 等多种热成形用超高强钢板。国外热成形技术研究进展和工程应用非常迅速，目前全世界有热冲压生产线几百条。德国、法国等工业发达国家走在前列，德国的蒂森-克虏伯（Thyssen-Krupp）、舒勒（Schuler）、本特勒（Benteler），瑞典的AP&T，西班牙的 Gestamp，加拿大的 Cosma，美国的 Interlaken、法国的阿塞洛（Arcelor）等知名公司都推进热冲压业务，热成形超高强度冲压件已经在国内外汽车上广泛应用。

国内大学、科研机构以及企业对热成形工艺和模具在内的基础研究起步晚。单忠德团队联合北汽福田、一汽轿车和吉林大学等单位以某车型实际产品为研究开发对象，承担了国家科技重大专项（04 专项）等研发任务，开展了超高强钢热冲压成形工艺机理、模具设计与制造、热冲压成形装备及生产线系统的基础研究与应用基础研究，设计制造了超高强钢热成形成套装备，建立了冷却循环试验平台、表面高温防护平台、冷热冲压基础试验平台等完备的试验环境，建立起超高强钢热冲压成形技术与装备研究试验测试环境和虚拟设计、开发、装配及运行平台，开展了专用模具材料、相变硬化机理等基础研究，2011 年建成超高强钢热冲压生产试验线，为自主建立 100 万量级生产线打下坚实基础。典型研究及应用情况如下：

（1）研发并系统掌握了超高强钢热冲压件设计开发基础　在超高强钢热冲压结构件方面已经开展了系统的设计优化和整车匹配性能的模拟分析，开发了福田新能源车型迷迪的车门防撞梁三维数模（图 3-2 和图 3-3），满足整车性能要求，使用超高强钢热冲压件，以提升安全性能并实现车身减重。

图 3-2　车门防撞梁设计开发

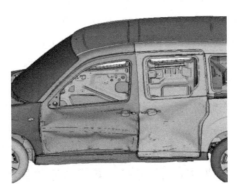

图 3-3　碰撞 CAE 模拟

（2）研制出超高强钢热成形的工艺参数和模具设计方法　在超高强钢力学

性能测试及分析方面，研究了板材的基本力学性能参数，获得了不同加热温度和冷却速率条件下的力学性能，为优化热冲压批量生产工艺积累了大量数据。材料选用宝钢产热轧钢板 22MnB5，如图 3-4 和图 3-5 所示。

图 3-4　热轧超高强钢板

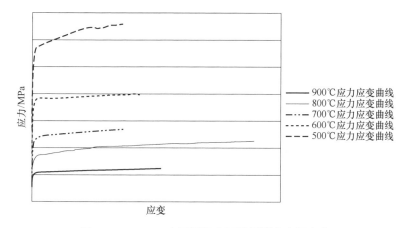

图 3-5　22MnB5 在不同温度下的屈服应力及应变

对超高强钢热冲压成形过程进行了数值模拟分析，建立了材料的热力耦合关系及有限元模型，采用热力耦合体积单元，对帽形截面典型件的热冲压成形过程进行了模拟研究（图 3-6），对不同冲压工艺参数下热冲压成形性能进行了数值模拟分析，提高了成形质量和性能。温度参数对超高强钢热冲压成形件质量的影响至关重要，直接决定奥氏体化是否充分，关系到零件最终马氏体转变是否彻底，是零件组织性能转变的前提，也是批量生产中零件质量一致性的保障。温度控制的难点体现在奥氏体化温度是否合理、保温时间是否充分、板料转移过程温降如何控制和预测以及初始成形温度如何控制在奥氏体相区间。综合考虑加热温度对晶粒尺寸和组织的影响，将板料转移过程的温降也补偿到加热温度上，加热温度范围为 900~950℃。研发典型件重量降低 10%，刚度提高 2.2 倍，抗拉强度提升了近 3 倍，达到 1500MPa 以上，尺寸精度达到 ±0.3mm，硬度分布均匀。

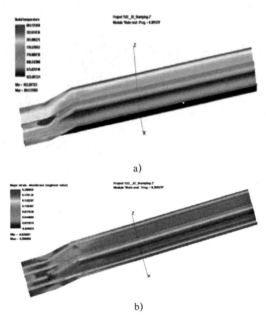

图 3-6　热冲压成形温度场和应变场模拟

a）温度分布图　b）应变分布图

在超高强钢热冲压过程中，高温状态钢板需在模具内同时完成形变和组织转变，故热冲压模具被称为成形淬火一体化模具。与常规模具相比，模具内冷却管道设计是超高强钢热冲压模具的特色与难点，需考虑模具结构强度、冷却管道散热能力、管道加工难度等，采用理论解析和数值模拟手段计算管道直径、管道间隙等参数。考虑到模具冷却均匀性的需求，复杂模具需考虑如何进行整体结构设计、分块等。目前热冲压模具广泛采用钻孔式加工方法，钻孔式热冲压模具设计的难点在于如何兼顾模具强度与冷却性能。热冲压模具冷却系统设计参数主要有管道布置方式、管道直径、管道间距、管道距型腔深度。在超高强钢热冲压模具开发及优化分析方面，通过成形性分析、加热与冷却模拟等方法实现模具结构及冷却通道优化设计（图 3-7），提高模具寿命。

（3）研究开发热冲压表面防护涂料和喷涂方法　获得了表面防护涂料（图 3-8）配方及喷涂方法。在超高强钢板被保护表面形成致密的二氧化硅薄膜层，起到隔绝氧气的作用，解决了高温氧化防护的技术难题。

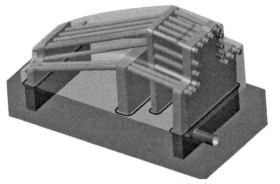

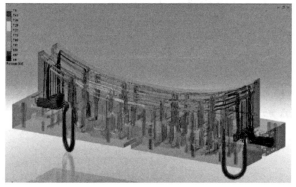

图 3-7 模具冷却仿真及结构优化

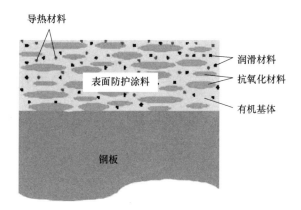

图 3-8 由各种功能组分构成的新型保护材料

（4）结合福田需求研制出新能源车型超高强钢热冲压车门防撞梁 自主开发了超高强钢热冲压专用模具（图 3-9），为福田迷迪车型制造的超高强钢车门防撞梁（图 3-10），其碰撞测试成绩达到 16 分的满分成绩。自主开发出专用模具和防撞梁样件测试（图 3-11、图 3-12），经测试刚度提高 2.2 倍，碰撞测试成绩从 10.85 分提高到 16 分（满分），其中对胸部的保护，从 0 分提高到 4 分，效果明显；对腹部的保护，从 2.91 分提高到 4 分；对骨盆的保护，从 3.94 分提高到 4 分，对比传统防撞梁均有显著提高。

图 3-9　自主开发的专用模具

图 3-10　迷迪车型防撞梁样件

（5）开展了生产线自动化控制系统研发工作　根据热冲压生产工艺需求，其生产线成套设备通常包括开卷落料设备、加热炉上料机器人、辊底式加热炉、高速上料机械手、快速压机、下料机械手、在线监测、激光切割设备、喷砂设备等。其中，关键设备主要有：辊底式加热炉（图 3-13）、高速上料机械手、快速压机。为建设自动化热冲压生产线，开发出具有自主知识产权的专用抓料机械手，创新设计出热冲压专用高温防护端拾器，减小了转移过程中钢板温度的下降量，提高了机械手气动部件和传动件的精度与寿命。在软件开发和控制系统研究方面，开展了基于 NC+PC 的开放式多轴运动系统及应用技术研究。辊底式加热炉可实现辊道运行和温度自动控制，具有保护气氛防板料氧化，采用电加热或燃气加热，快速出料和定位。炉温控制精度为 ±10℃，最高加热温度为 1000℃，保温时间为 3~8min 连续可调。超高强钢热冲压自动化生产线如图 3-14 所示。

图 3-11　高强钢车门防撞梁

图 3-12　碰撞测试

图 3-13　辊底式加热炉

图 3-14　超高强钢热冲压自动化生产线

3.2.2　铝合金热冲压成形技术与装备

铝合金热冲压成形技术综合了热冲压成形与热处理的双重技术优势。英国帝国理工学院的林建国教授提出一种新的热成形-淬火一体化技术，该技术是将热处理与热冲压结合起来，以期获得形状更加复杂、强度更高的零部件。该技术的加工原理如图 3-15 所示，首先把坯料加热至固溶温度，保温一段时间，该过程的目的是提高板料的塑性流动性，在热冲压过程易于成形；然后通过机械手将板料迅速转移至模具中快速成形，模具中的冷却管道通入循环冷却水，保证板料的快速淬火，减少次生相的析出。同时保压一段时间，避免热处理产生的变形，保证产品的尺寸精度和形状精度；在成形结束后，为进一步提高零部件的强度和刚度，将保压后的零部件转移至热时效炉内，进行一定温度和一定时间的时效处理，通过强化相的弥散析出，增加位错运动的阻力，进一步提高产品的强度和刚度。

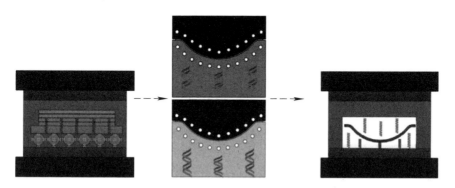

图 3-15　热成形–淬火一体化技术加工原理示意图

铝合金在常温下塑性变形能力差，成形能力有限，但随着变形温度的升高，其塑性变形能力有很大的提高。对于 6016 铝合金采用温冲压工艺，可以利用加热后的模具及材料自身加热，提高铝合金的成形性能，同时对铝合金进行加热后可以提高零件的力学性能。对于 6016 铝合金热冲压成形工艺，可以利用材料高温下良好的塑性变形能力，制造出复杂的铝合金零件，而且可通过成形过程中的冷模具淬火和后续的人工时效增加零件的强度，提高产品性能。机械科学研究总院黄江华博士后开展对铝合金温冲压成形工艺与热冲压成形工艺的研究。通过 Gleeble-3500 热模拟试验及时效热处理试验，模拟分析了铝合金温冲压与热冲压工艺过程中工艺参数（如加热温度、保温时间、冷却速度等）对 6016 铝合金力学性能的影响规律，获得温/热冲压成形工艺力学性能的较优参数，为后续温/热成形工艺提供指导。采用 Gleeble-3500 热拉伸机对 6016 铝合金温/热变形行为进行研究，建立了 6016 铝合金在温/热变形条件下的真应力–真应变曲线，分析变形温度和应变速率对峰值应力的影响规律。根据试验结果，利用回归方法建立了 6016 铝合金的采用 Z 参数本构模型，能够较好地描述该合金温/热变形下的流动应力–应变关系，为热冲压数值模拟提供材料模型数据。采用板材成形通用有限元软件 PAMSTAMP 对铝合金地板温冲压及铝合金后风挡下横梁热冲压工艺进行了数值模拟研究，分析了成形过程中的应力、应变、温度以及厚度的分布规律，对成形模面进行了优化。研究了冲压过程中主要工艺参数（成形温度与摩擦系数）对铝合金地板温冲压及铝合金后风挡下横梁热冲压的影响规律，优化了铝合金地板温冲压及铝合金后风挡下横梁热冲压成形工艺。

机械科学研究总院黄江华博士后等人设计并制造了汽车铝合金地板温冲压模具与后风挡下横梁热冲压模具，进行了铝合金地板温冲压试验与热冲压试验，对 6016 铝合金温冲压与热冲压力学性能进行了研究，当加热温度为 270℃、保温时间为 16min 以及加热温度为 570℃、保温时间为 12min 时，温冲压与热冲压均可以获得较优的力学性能，证明了地板温冲压与后风挡下横梁热冲压的可行性。以长城汽车有限公司某款 SUV 车型的铝合金地板为例，开展轻合金热成形技术分析，具体包括模型分析与工艺优化、模具设计与开发、试验研究与装车验证等。

（1）模型分析与工艺优化　根据轻量化设计标准，选用 6016 铝合金 T6 态板料为原始材料，根据零件的外形结构尺寸分析，进行了热成形工艺有限元模拟及工艺优化，如图 3-16 所示，其工艺流程及关键参数见表 3-1。

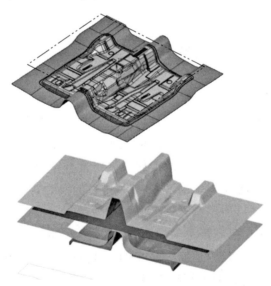

图 3-16　热成形工艺有限元模型

（2）模具设计与开发　模具总吨位为 5.6t，整体结构包括加热棒、隔热板、导向板、水冷板、连接及压边圈等，模具设计三维图和实物图分别如图 3-17、图 3-18 所示。

表 3-1 热成形工艺流程及关键参数

序 号	工 艺	设 备	板料温度	关 键 参 数	备 注
1	模具加热	加热棒	—	上下模间距 20mm, 加热 8h	加热功率 40kW
2	上料	人工	室温	—	—
3	加热	辊底式加热炉	300~400℃	加热时间 300s, 炉温 350℃	加热温度需摸索
4	送料	机械手	287.2℃	转移时间≤10s	—
5	冲压	压机、模具	基本上保持不变	冲压速度为 15~110mm/s, 保压时间为 5~10s, 模具温度为 200~400℃	冲压参数需摸索
6	卸料	人工	≤模具温度	模具温度, 卸料后冷却	—

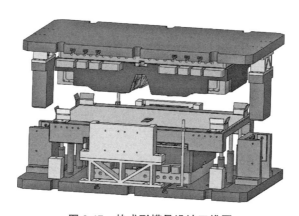

图 3-17 热成形模具设计三维图

图 3-18 热成形模具实物图

（3）试验研究与装车验证　该零件结构复杂，成形难度大。通过优化热成形工艺路线，指导模具结构设计与制造，利用工艺试验，获得满足技术指标的合格零部件，并进行装车验证。

3.3　金属板材柔性成形技术与装备

3.3.1　金属板材充液成形技术与装备

1. 板材充液拉深成形技术

板材充液拉深成形技术又称为超高压液态柔性成形技术或内高压成形技术，它是将液体作为传力介质来传递载荷，板材成形到单侧模具上的一种板材成形方法。国内已开展了相关研究工作，如上海交通大学的张在房等人针对大型贮箱整体箱底构件充液拉深成形的起皱和破裂缺陷，以预胀压力、液室压力、压边力、压边圈圆角半径等工艺参数为研究对象，建立多目标优化模型，确定了贮箱箱底达到目标（壁厚减薄率最小、破裂趋势最小、法兰边起皱最小、起皱趋势最小）时的最优工艺参数。杨声伟等人通过数值模拟结果，开展成形性能试验，调整液室压力与压边力加载曲线，根据零件的拉深高度进行合理匹配，解决整个充液拉深成形过程的起皱和破裂问题。充液拉深成形件如图 3-19 所示。

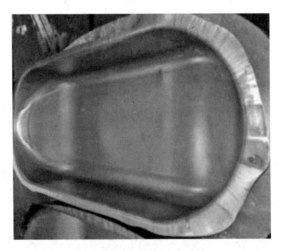

图 3-19　充液拉深成形件

2. 板材冲击充液成形技术

板材冲击充液成形技术首先利用充液成形的流体均布载荷，完成零件大部分特征的成形，然后再利用冲击成形瞬间释放的高能量作用在局部小特征处，完成零件局部特征的充分成形。冲击充液复合成形技术以液体介质代替刚性模具，使得成形过程中载荷以均布压强的形式作用在板料上，实现板料的塑性变形，实质是一种软模成形技术。

板材冲击充液成形技术是充液成形和冲击成形两种成形方式的交叉、延伸与发展的产物，其是结合了充液成形和冲击成形优点的一种复合成形工艺，实现了制件轻量化，已经应用在汽车行业。该复合技术不仅具有板材充液成形中成形极限高、变形均匀、回弹趋势小、零件表面质量好等优点，还具有冲击成形技术中高能瞬间释放、变形速度快、无污染、塑性高、材料成形极限高，能有效抑制回弹等优点。基于以上优点，该复合技术有效解决了航空航天领域中对特种材料复杂结构件的制造难题，尤其是具有小特征尺寸的大型复杂薄壁件整体特征和局部特征精确成形的关键问题。

另外，板材温热充液复合成形是 21 世纪初期提出的一种利用高压流体兼容高温环境的复合成形技术，提高了金属材料的成形极限。基于板材温热充液热成形技术研究，北京航空航天大学郎利辉教授团队开展了相关基础研究以及 880t 充液热成形装备研究。

▷▷3.3.2 复杂曲面构件渐进成形技术与装备

金属板材渐进成形技术是一种数字化柔性成形技术，可用于单件小批量零件制造。通过利用 CAM（Computer Aided Manufacturing）软件生成各二维轮廓线上的成形路径，然后以不带切削刃的球头工具在数控机床（至少三轴）系统的控制下沿着生成的成形路径，并按照设定的加工速度及进给量在二维层面上进行逐层剪切变形，最终加工出预设的制件，实现金属板料的数字化柔性成形。渐进成形工艺过程如下：①在计算机上用三维设计软件对工件进行三维数字化造型；②利用有限元分析软件对成形性能进行分析，确定工艺参数；③对合理的方案模型进行后处理，设定刀轨与工艺参数并产生 NC 代码；④将 NC 代码输入渐进成形机床，控制数控渐进成形机床成形出所需的零件形状；⑤对成形件进行后处理，形成最终产品。

英国剑桥大学 Allwood 教授研制了一台三轴的数控渐进成形设备，如图 3-20 所示，该设备最大的成形零件尺寸为 300mm×300mm。德国波鸿鲁尔大学 Meier 等研发了高度柔性化的机器人渐进成形设备，其采用了左右两个工业机器人控制两个成形工具头共同运动的方式，提高了曲面构件复杂程度及成形精度，如图 3-21 所示。我国上海交通大学、南京航空航天大学等单位开展了金属板材渐进成形机理、工艺技术及系统装备的研究。

图 3-20　数控渐进成形设备

图 3-21　机器人渐进成形设备

3.4　管类件塑性成形技术与装备

3.4.1　变截面构件磁流变柔性介质成形技术与装备

　　变截面构件柔性介质成形技术采用磁流变弹性体作为压力成形的柔性介质，通过主动设计磁流变弹性体的组分和磁性粒子的分布，在外加磁场的作用下磁流变弹性体的表面硬度、杨氏模量等磁致力学性能参数在成形过程中发生改变，可同时实现管坯轴向补料和径向压力成形，其成形原理如图 3-22 所示。

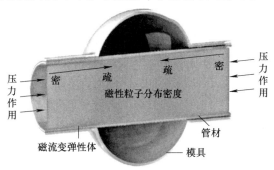

图 3-22　基于磁流变弹性体的柔性介质成形原理

　　成形过程中，磁流变弹性体内部磁性颗粒间的作用力通过构建磁偶极子模型来描述，考虑到橡胶基体本身的性能，通过耦合两者力学性能，得到磁流变弹性体在磁场下的力学行为。根据磁流变弹性体是否存在各向异性行为，磁流变弹性体可分为各向同性磁流变弹性体和各向异性磁流变弹性体。其中，各向异性磁流变弹性体通过在橡胶基体固化时施加外磁场，使磁性粒子以链状结构分布在基体中，从而达到各向异性的目的；而各向同性磁流变弹性体则无须在磁流变弹性体的制备过程中施加磁场，通过搅拌均匀，使磁性粒子均匀分布在基体中。对于具有复杂变截面特征的构件介质压力成形，通常采用各向异性磁流变弹性体作为内部介质。

　　（1）磁流变弹性体磁性粒子分布控制技术　变截面构件柔性介质成形质量受到磁流变弹性体的组分、磁性粒子分布及外加磁场强度和磁场方向等多因素共同影响，外加磁场通过影响磁流变弹性体中的磁性粒子，对磁流变弹性体力学性能具有重要的影响。

　　为精确控制磁性粒子的轴向分布，改善其磁控性能以适应最终构件的成形，可采用轴向分层浇注的方法制备磁流变弹性体样品，主要操作步骤如下：根据所设计的磁性粒子梯度分布规律，将所需制备的磁流变弹性体在轴向上分成若干段；将磁性粒子与橡胶基体混合后充分搅拌均匀；在一定压力和温度下，对搅拌后得到的单体抽真空、去除其中气泡；将抽真空得到的磁流变单体浇注进模具中，在烘箱中对其进行加热，直至混合物中的橡胶开始发生交联，即让橡胶处于凝胶前的状态。

　　通过上述步骤即可得到磁流变弹性体的轴向单体。为确保磁流变弹性体在轴向上的单体浇注成整体样品后不会出现轴向上明显的界面分层，需通过加热使每个单体混合物迅速达到凝胶前的状态，并使得下一层单体在此状态下进行浇注，依次类推，浇注得到完整的磁流变弹性体样品，待完全固化后即可脱模取出样品。

（2）磁流变弹性体介质压力成形缺陷调控及尺寸精确控制技术　在成形过程中，通过改变外加磁场强度，调控磁流变弹性体的力学性能，进而得到各向异性的磁流变弹性体。各向异性磁流变弹性体的不同部位可对管坯成形区内部产生不同的支撑作用，有利于管坯在补料区轴向补料及成形区径向贴模，对于具有大变径比、大截面变化比的空心构件，常出现的破皱协调难控制、成形尺寸精度低等问题具有一定的改善作用。在磁流变弹性体介质压力成形过程时，将管坯及磁流变弹性体置于压力成形模具中，调节磁场电流并用特斯拉计测试磁场强度，开启压力供给设备后，在两端冲头轴向进给及磁流变弹性体的作用下，管坯产生变形，两端冲头停止进给后，保持一段时间的压力和磁场强度后再卸载。

采用高温合金三通管零件进行不同磁场加载条件下的多组成形试验，试验后测量不同位置的壁厚分布。以构件顶部鼓包处分析为例，在介质压力胀形开始之前，磁场发生装置所产生的均匀磁场主要集中在模具的中心，两侧引导区受磁场影响较小，磁流变弹性体中的磁性粒子沿磁感线方向均匀分布，如图3-23所示。胀形工艺初始阶段，构件变形区产生胀形高度较小的鼓包，两侧的磁流变弹性体在冲头的推动下聚集在中间，鼓包区域的磁性颗粒体积分数增加，链状磁性粒子间距减小，磁感应剪切模量增大。后区链状磁性粒子间距增大，磁感应剪切模量减小，即导向区和后区的磁感应剪切模量小于胀形区的磁感应剪切模量。宏观表现为磁流变弹性体在导向区对管坯的压力小于胀形区，导向区的推力大于管坯与模具之间的摩擦力。同时，鼓包区的磁流变弹性体在外部磁场的作用下提供了足够的内部支撑作用，抑制了此处壁厚的增加，带动更多的物料流入支管，使支管高度增加，支管顶部壁厚减小。

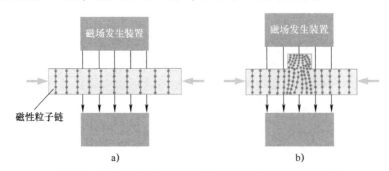

图3-23　磁流变弹性体中磁性粒子链状结构分布示意图
a）胀形开始前　b）胀形后

（3）变截面构件磁流变柔性介质成形试验平台　为了研究不同磁场加载条件对成形构件壁厚分布和尺寸精度的影响，南京航空航天大学郭训忠团队搭建了如图 3-24 所示的试验平台，该试验平台由可调节加载电流和磁场间隙的磁场调节装置、压力成形模具、成形模具夹持装置（模具压板和支撑架）、两端冲头及压力供给设备组成。该试验平台基于其在磁场作用下磁致力学性能可控、可逆性好（撤去磁场后，又恢复原始状态）、响应速度快（ms 量级）等特性，应用于变截面复杂构件精密成形领域将会有效提高构件的成形质量，主要体现在较小的壁厚减薄率、更均匀的壁厚分布调控及更精确的成形尺寸，可以实现变截面复杂构件的精密整体绿色成形。

图 3-24　变截面构件磁流变柔性介质成形试验平台

（4）高温合金波纹管变径复杂曲面构件柔性介质成形技术应用分析　航空用高温合金波纹管变径复杂曲面构件（图 3-25），有对称分布的变径比分别为 3 和 2.5 的波纹节，波纹节宽度均为 28mm，属于大变径比、大截面变化比的复杂零件。对于该类零件，采用单道次整体成形的方法往往较为困难，同时易产生表面应力分布不均、壁厚分布不均、破裂和起皱等缺陷，为此，考虑采用分步成形工艺。南京航空航天大学的郭训忠团队实现了基于磁流变弹性体的航空用高温合金波纹管变径复杂曲面构件的柔性整体成形。

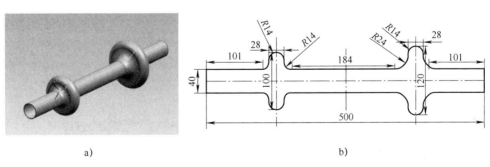

a)　　　　　　　　　　　　　　　　　　b)

图 3-25　航空用高温合金波纹管变径复杂曲面构件

a）三维模型图　b）二维模型图

首先，基于单道次成形工艺进行工艺探索，分析缺陷出现的位置及原因。由图 3-26 可知，该条件下单个波纹节内已有较大区域范围的材料处于高应力状态，接近 GH4169 的抗拉强度。磁流变弹性体产生的内压不足，易导致成形位置材料产生堆积以至折叠（图 3-26），而加大磁流变弹性体产生的内压，则会造成材料破裂（图 3-27）。

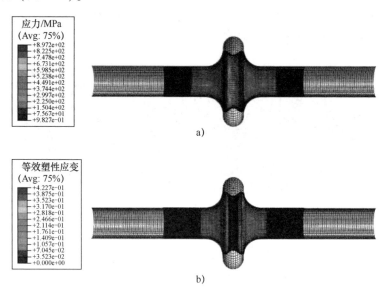

图 3-26　高温合金波纹管变径复杂曲面构件材料折叠

a）应力分布　b）等效塑性应变分布

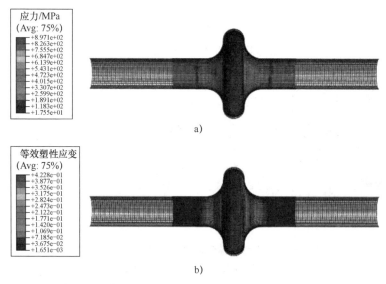

图 3-27　高温合金波纹管变径复杂曲面构件材料破裂

a）应力分布　b）等效塑性应变分布

正是由于管材轴向补料量与内压之间的匹配关系难以控制，导致单道次成形工艺不适用于这种类型零件的整体成形。因此考虑采用分步成形工艺来实现大变径比、大截面变化比的波纹管成形。分步成形全过程如图 3-28 所示，成形顺序为先成形较大的主波纹节，再成形较小的副波纹节。

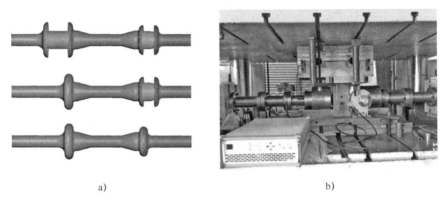

a)   b)

图 3-28 分步成形全过程

a）不同成形阶段 b）试验平台

分步成形有限元模拟结果如图 3-29 所示。由图可知，采用该方法成形的最终零件未出现起皱或破裂缺陷，且尺寸均符合要求，该模拟结果为试验提供了良好指导，因此后续试验采用滑动模来成形最终零件。磁流变柔性介质成形过程中，先在管坯内部填充磁流变弹性体，成形时外加磁场，在外加磁场和两端冲头的共同作用下完成大变径比、大截面变化比波纹管的磁流变弹性体介质压力成形。在验证分层浇注方法可精确控制磁性粒子在轴向的分布后，制备图 3-30 所示的直径为 36mm、长度为 520mm 的磁性粒子轴向分布的磁

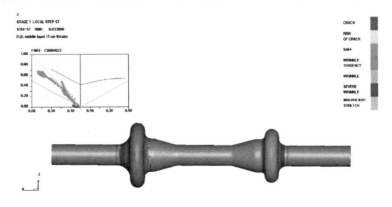

图 3-29 分步成形有限元模拟结果

流变弹性体样品。

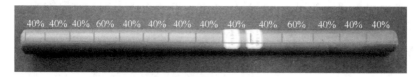

图 3-30 磁流变弹性体样品

注：图中百分数表示铁含量。

滑动模成形试验装置（图 3-31）由左推头、右推头、上模板、下模板、导轨、磁场发生装置等组成。依据前期研究结果，将双组分室温硫化加成型硅橡胶和羰基铁粉按照一定比例制备得到磁流变弹性体试样，并填充在管坯内部，在磁场作用下两端冲头向内进给，实现波纹管的磁流变弹性体介质压力成形，图 3-32 所示为管坯成形初始状态。

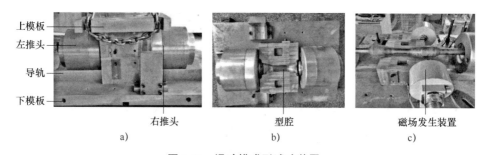

图 3-31 滑动模成形试验装置

a）整体外观 b）模具内腔 c）外加磁场发生装置

图 3-32 管坯成形初始状态

成形过程中应先完成合模操作，接通磁场发生装置电源，调节电流为 6A，待磁流变弹性体内部磁性粒子磁化后，预先缓慢推动右冲头来成形右侧大波纹节，成形一段时间后打开模具，成形结果如图 3-33a 所示。从图 3-33a 中分析得到，由于成形过程中电流较低，导致磁流变弹性体内部磁性粒子磁化效果不显著，产生的磁力也不足以支撑坯料胀形，而右冲头的送料却一直未停止，造成了材料折叠。因此将电流加大到 10A 再次进行试验，成形结果如图 3-33b 所示，坯料胀形最高处发生了破裂，这是由于 10A 电流产生的磁力过大而导致的管坯开裂。

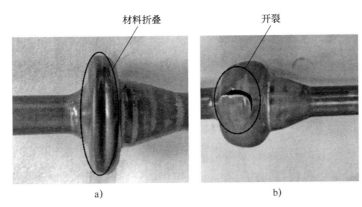

图 3-33　高温合金波纹管变径复杂曲面构件缺陷

a）电流为 6A 时的成形结果　b）电流为 10A 时的成形结果

　　基于上述试验尝试，南京航空航天大学郭训忠团队选用电流为 8A 再次进行试验，并且降低两端冲头推进的速度，右侧大波纹节成形结果如图 3-34a 所示。在此基础上，同等条件下进行左侧小波纹节的成形，其成形结果如图 3-34b 所示。

图 3-34　电流为 8A 时高温合金波纹管变径复杂曲面构件

a）右侧大波纹节成形结果　b）左侧小波纹节成形结果

　　取出成形后的高温合金波纹管变径复杂曲面构件，与有限元成形结果对比如图 3-35 所示。最终零件未出现起皱或开裂缺陷，且经过检测机构的检测，构件的各项尺寸精度，如单位尺寸变径比、截面变化比、壁厚减薄率、贴模度等均满足规定要求。

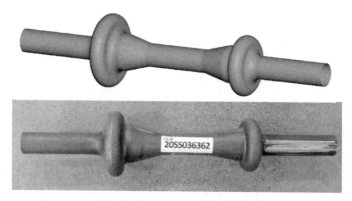

图 3-35　电流为 8A 时成形构件与有限元成形结果对比图

通过上述对柔性介质成形工艺过程的分析可以总结出，该成形工艺不仅能避免焊缝处缺陷，而且能提升零件表面质量和精度，成形工序也有所减少，构件内部的磁流变弹性体能够重复使用，并且其物理性能可以通过外加磁场灵活调整。

▶▶ 3.4.2　金属管材热态内压成形技术与装备

金属管材的热态内压成形技术其原理是在热态内压成形时，将坯料和模具加热到一定温度后，向管坯中通入专用高压传力介质进行加压，使热态管坯在内压和轴向载荷的耦合作用下发生变形，成为所需形状的零件。根据所采用的高压传力介质，可将热态内压成形分为热油介质成形和热态气压成形两类。由于现有热油闪点温度的限制，热油介质成形时温度不能超过 300℃。而热态气压成形是采用高压气体作为传力介质，可用于 1000℃ 甚至更高的成形温度。

热气压成形技术主要通过提高成形温度来改善材料的塑性变形能力，同时辅以必要的轴向补料来改变坯料应力应变状态，实现复杂零件成形。热气压成形时，首先需要将管材加热到一定温度，使材料的变形能力提高、变形抗力降低，然后利用内部气压使管材发生胀形变形。由于气体热容小，其对热态管材的温度影响不大，所以一般可向热态管坯中直接充入高压气体实现快速成形。与传统热成形技术相比，热气压成形的优点在于：对材料初始组织状态没有特殊要求，可用于大部分金属材料；成形速度快，成形过程往往在数秒内完成，成形效率是超塑性成形的几十倍；成形压力较高，零件形状尺寸精度高。

　　近年来，国内外围绕该技术开展了研究开发，特别是对铝合金管材、镁合金管材的气压胀形性能以及胀形过程中的瞬态蠕变行为等进行了较深入研究，并已在汽车制造领域获得成功应用。哈尔滨工业大学、大连理工大学对轻合金管材热态内压成形技术特别是热气压成形技术开展了系统深入的研究，研制了专用的热气压成形系统，测试了热态下典型材料的变形性能及组织演变规律，并实现了多种铝合金、镁合金管件的试制和应用。热气压成形技术作为一种先进成形技术，已成功用于航空航天、轨道交通等国家重大装备关键构件的研制。

▶▶ 1. 铝合金变截面管件热气压成形

　　铝合金管状构件在航空、航天、新能源汽车等领域应用广泛，以航天用某型号铝合金为例，开展铝合金变截面管件的热气压成形技术分析。

　　大连理工大学何祝斌等研制的航天某型号铝合金异形截面管件如图 3-36 所示，管件的主要特征是弯曲轴线、截面周长变化大，小端周长为 87.47mm，大端周长为 115.12mm，胀形率为 31.6%，最终零件壁厚不小于 0.8mm，管材初始壁厚为 1.2mm。

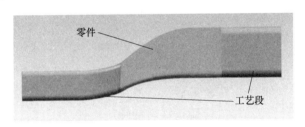

图 3-36　铝合金异形截面管件

　　因零件的截面结构复杂且周长差较大，若采用等直径管直接胀形，则无法保证成形后管件的壁厚均匀性，为此，该铝合金异形截面管件的加工采用管坯预先变径的工艺。其工艺方案为：原始管坯、变径、弯曲、压扁、热气压成形。经过变径，获得的铝合金变径锥管如图 3-37 所示。

　　铝合金管件热气压成形的模具工装不同于常温成形，除了模具外，还包括水冷板、隔热板、加热板等。对铝合金变径锥管进行弯曲、压扁后，获得了可用于最终热气压成形的管坯，铝合金异形截面管件热气压成形模具如图 3-38 所示。

　　铝合金管件热气压成形设备由压力机、模具工装、冷/热高压介质、加热系统、计算机控制系统等组成，如图 3-39 所示。其中，计算机控制系统可实现温度、加压速率、轴向位移等多个工艺参数的集成控制。

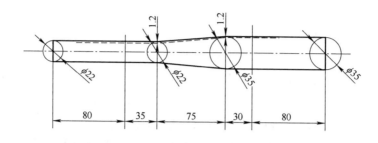

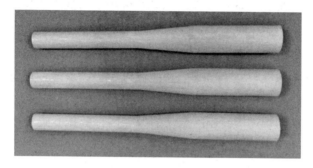

图 3-37　铝合金变径锥管

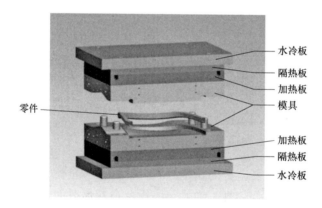

图 3-38　铝合金异形截面管件热气压成形模具

　　铝合金异形截面管件热气压成形过程如图 3-40 所示。最终管件的壁厚分布如图 3-41 所示，满足产品设计要求。

　　通过热气压成形，实现了高档铝合金自行车下叉、上管和下管等零件的大批量生产，管材的最大长度为 780mm，管材直径范围为 25～70mm，所成形的管件表面质量好、尺寸稳定性高，产品的品质优。热气压成形后，经固溶时效处理（T6 态），铝合金管件的综合力学性能及微观组织状态完全达到设计要求，贴模度≤0.5mm，明显优于传统硬模成形。

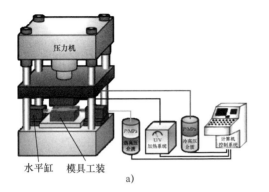
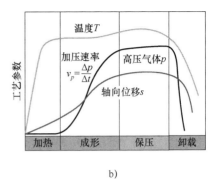

a)

b)

c)

图 3-39 铝合金管件热气压成形设备

a) 设备结构图 b) 工艺参数 c) 设备实物

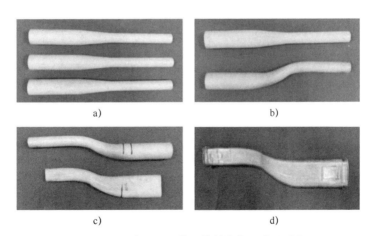

a)   b)

c)   d)

图 3-40 铝合金异形截面管件热气压成形过程

a) 变径 b) 弯曲 c) 压扁 d) 热气压成形

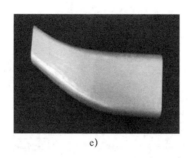

e)

图 3-40　铝合金异形截面管件热气压成形过程（续）

e）异形截面管件

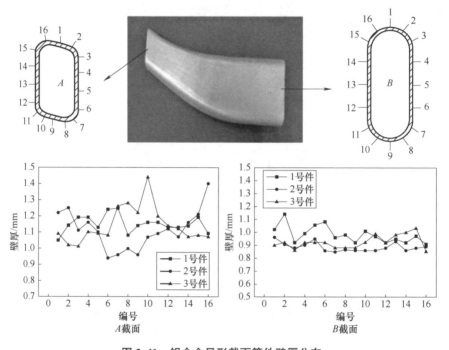

图 3-41　铝合金异形截面管件壁厚分布

▶ 2. 硼钢异形截面管件热气压成形

封闭截面管坯制造的扭力梁因具有优异的承载能力和抗疲劳性能，已逐渐成为新一代汽车中的首选结构。采用超高强度的硼钢（如 22MnB5、BR1500HS等）焊管制造扭力梁，可以进一步提高结构强度，实现管件轻量化。

图 3-42 所示为大连理工大学何祝斌构建的某车型硼钢扭力梁模型，该零件沿轴向为左右对称结构，从端部到中间位置，截面形状逐渐从 A 截面的梯形变化到 F 截面的双层 V 形。由各截面的等效直径和胀形率可知，该零件成形时主

要发生截面形状的变化，而环向伸长量很小。零件的整体长约为1100mm，带工艺段的管坯长度约为1300mm，原始管坯外直径为90mm，壁厚为3.2mm，采用22MnB5板坯通过激光焊接方法制成。

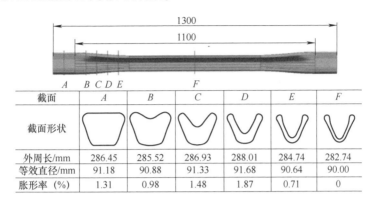

截面	A	B	C	D	E	F
截面形状						
外周长/mm	286.45	285.52	286.93	288.01	284.74	282.74
等效直径/mm	91.18	90.88	91.33	91.68	90.64	90.00
胀形率（%）	1.31	0.98	1.48	1.87	0.71	0

图 3-42　某车型硼钢扭力梁模型

该零件的成形关键是使各位置的截面形状发生变化，并贴合模具，同时要在管坯贴合模具型腔后，实现快速淬火以得到需要的马氏体组织。考虑到实际工艺条件，特制定工艺方案：先采用钢模冲压使截面形状发生变化，然后快速向管坯内充入高压气体实现胀形，如图3-43所示。

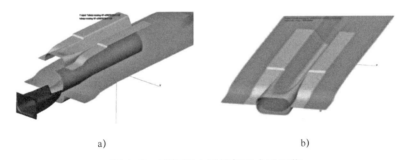

a)　　　　　　　　　　　　　　　　　b)

图 3-43　硼钢扭力梁热气压成形工艺

a）钢模冲压　b）充气胀形

为了对高温成形和冷却淬火过程实现独立、精确控制，需要开发专用的模具工装。硼钢扭力梁热气压成形模具示意图如图3-44所示，上下模具合模后实现热态下管坯的压制，初步获得需要的截面形状。在两侧的冲头快速进入管端并实现密封后，由冲头上的充气孔向管坯内快速充入气体进行胀形。

硼钢扭力梁热气压成形零件如图3-45所示。图3-45a所示为不同温度下成形得到的中间V形截面，可见在850℃条件下V形截面已顺利成形。图3-45b所示为不同气体压力成形时管坯与模具的贴合效果，当采用热气压成形工艺后，管坯和模具已完全贴模，从而实现了快速冷却淬火。

图 3-44　硼钢扭力梁热气压成形模具示意图

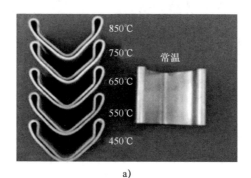

图 3-45　硼钢扭力梁热气压成形零件

a）V 形截面　b）管坯与模具的贴合效果

3.4.3 管类构件三维自由弯曲成形技术与装备

1. 三维自由弯曲成形原理

三维自由弯曲成形系统如图 3-46 所示，该系统主要由管坯、弯曲模、球面轴承、导向机构、压紧机构和推进机构等核心部件组成。其中，弯曲模的尾部内表面和导向机构前端外表面通过特殊的机械设计互相配合，而弯曲模的外球面与球面轴承的内球面采用球面配合。当该系统处于零点位置时，球面轴承、弯曲模、导向机构、压紧机构和推进机构的中心处于同一轴线上。当管材弯曲成形时，弯曲模处于随动状态，管坯与弯曲模保持动态接触。一方面，弯曲模球心随球面轴承在 XY 面内的移动发生相对应的偏移；另一方面，弯曲模在随球面轴承移动的同时还绕导向机构发生转动。因此，弯曲模姿态受 XY 面内的移动及绕导向机构的转动同时控制。

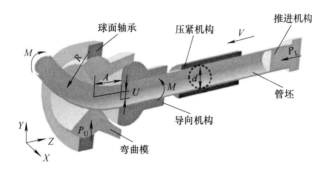

图 3-46　三维自由弯曲成形系统

在成形过程中，球面轴承在电动机作用下于 XY 平面内发生运动，进而带动弯曲模偏离平衡位置，此时弯曲模球心偏离坐标原点的距离称为偏心距 U，挤压载荷 P_U 的大小取决于偏心距 U 的大小，弯曲模球心与导向机构前端在 Z 向的水平距离为 A，且保持不变。A 值和偏心距 U 值的大小共同决定了弯曲模对管坯所施加弯矩的大小。A 值越小，U 值越大，则弯曲模对管坯施加的弯矩越大，所成形管坯的弯曲半径越小。在成形过程中，管坯受到弯曲模对其施加的垂直于管坯轴线方向的作用力 P_U 和推进机构对其施加的沿 Z 向的作用力 P_L，在 P_U 和 P_L 的共同作用下，形成了管坯所受到的弯矩 M，计算公式为

$$M = P_U A + P_L U$$

2. 三维自由弯曲成形工艺解析

对于具有复杂形状的金属空心构件，根据三维自由弯曲成形特点，其几何

形状特征可划分为直线段和弯曲段的不同组合。其中，弯曲段的成形质量直接决定了目标构件的整体成形精度。管材弯曲弧段的弯曲半径 R 和弯曲角度 θ 受弯曲模的偏距 U 及其空间方位所决定。图 3-47 所示为单弯状态下金属空心构件自由弯曲过程中各弯曲段成形特征。

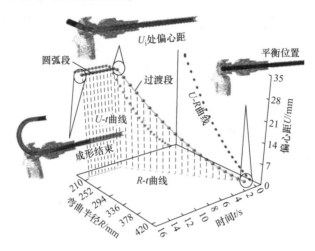

图 3-47　单弯状态下金属空心构件自由弯曲过程中各弯曲段成形特征

在自由弯曲过程中，实现目标构件精确成形的前提是将构件的几何尺寸特征解算为自由弯曲的相关工艺参数。传统的自由弯曲工艺解析方式主要是基于目标构件轴线与成形机构关键部件之间的几何关系进行理论分析，且分析过程中未考虑管坯与导向机构之间的间隙值对目标构件成形精度的影响。鉴于此，为实现传统的自由弯曲空心构件弯曲半径及弯曲角度的高效率协同修正，通过引入修正因子 k，对传统自由弯曲工艺解析算法进行了修正，实现了弯曲半径及弯曲角度的协同完善。图 3-48 所示为空间弯曲构件几何特征示意图，其工艺解析的基本过程为：首先根据构件的轴线将其划分为弯曲段和直线段，并获取相应构件的尺寸特征；然后对构件的各弯曲段进行细分，确定相应的过渡段和圆弧段；最后基于划分结果，建立每一小段成形时偏心距 U_X 和 U_Y 与管材轴向送进速度 v、送进时间 t 之间的函数关系。

>> 3. 自由弯曲成形的缺陷形式

自由弯曲成形的缺陷（图 3-49）包括：

（1）内弧起皱　管类构件在弯曲过程中，若弯曲模的偏心距过大，弯曲模与管坯轴线不垂直，对管坯产生额外的作用力，造成轴向补料不及时，易在弯曲内侧产生材料堆积和起皱缺陷。

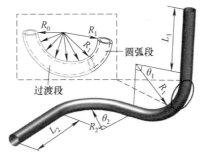

图 3-48　空间弯曲构件几何特征示意图

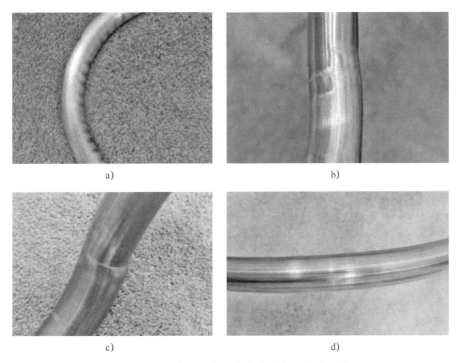

图 3-49　管类构件自由弯曲成形主要缺陷形式

a）内弧起皱　b）外弧表面质量差　c）自转扭曲　d）表面划伤

（2）外弧表面质量较差　在弯曲成形过程中，当球面轴承的运动速度过大时，弯曲模与管类构件弯曲外侧的表面产生剧烈剐蹭，导致表面凹凸不平且表面质量较差。

（3）自转扭曲　若在弯曲成形过程中，沿周向没有完全固定管材，则弯曲模经过平衡位置时管材易发生自转，导致已成形管材与所设定的形状误差较大。

（4）表面划伤　当局部润滑不良时，管坯与弯曲模的摩擦过大，很容易在管材表面造成划伤。

▶▶ 4. 自由弯曲成形装备

在自由弯曲成形装备方面,各国在金属柔性成形机理及装备研发方面取得了显著成绩,并逐步应用于产品开发。德国 J. NEU 公司基于相关研究成果,完成了系列自由弯曲成形装备的研发工作,相继开发了三轴、五轴、六轴自由弯曲设备,可满足不同规格、材料、几何构型的三维复杂弯曲管材/型材构件整体成形的工程要求,如图 3-50 所示。我国南京航空航天大学郭训忠团队自主研发了第一台三轴及六轴自由弯曲工程化样机、第一台基于并联结构的自由弯曲设备,并成形出多种典型复杂管类弯曲构件,如图 3-51 和图 3-52 所示。三轴自由弯曲成形设备可加工的管材直径尺寸为 10~32mm,最大加工长度为 3m,最大推进速度为 200mm/s,最小弯曲半径达到 3D(D 为管材直径)。在无须更换模具的条件下,可实现不同材料、不同壁厚的具有连续变曲率轴线特征管件的一次整体成形,具有较高的材料、壁厚及空间形状适应性。六轴自由弯曲成形设备可加工的管材/型材直径尺寸为 30~60mm,最大加工长度为 4m,最大推进速度为 100mm/s。由于弯曲模可实现主动偏转运动,管材及型材成形质量高,模具扭转运动可实现具有复杂空间轴线、复杂异形截面型材构件的空间弯曲成形,截面形状适应性好。并联结构自由弯曲设备可加工管材直径尺寸为 6~10mm,最大加工长度为 800mm,最大推进速度为 50mm/s。由于弯曲模在六自由度并联机构的控制下可产生较大的偏转运动,相对于串联机构,基于并联机构的模具运动位置误差分散至各轴,运动位置误差不累积。

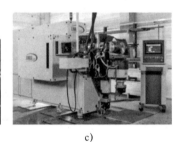

a)　　　　　　　　　　b)　　　　　　　　　　c)

图 3-50　德国自由弯曲设备

a)三轴　b)五轴　c)六轴

▶▶ 5. 自由弯曲成形工艺验证

为了验证三维自由弯曲成形技术及设备在成形空间连续变曲率管类构件时的成形性能,南京航空航天大学郭训忠团队开展了 20 碳钢环形二次连续变曲率构件的三维自由弯曲成形工艺研究。图 3-53 所示为 20 碳钢环形二次连续变曲率

a)   b)

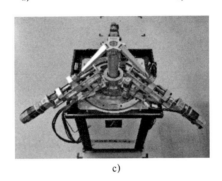

c)

图 3-51 南京航空航天大学郭训忠团队自主研制开发的自由弯曲设备

a）六轴   b）三轴   c）基于并联结构

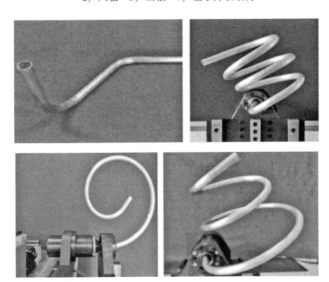

图 3-52 南京航空航天大学试制的三维复杂管类弯曲构件

构件三维模型，由于该构件的弯曲半径及弯曲方向在空间范围内连续变化，其成形精度和成形质量能否满足要求由工艺参数的精准程度决定。工艺解析前，获取均布在该构件轴线上的若干个控制点（A_1、A_2、$\cdots$、A_m）的空间坐标，每两个控制点间形成拟合弧段，结合实际测得的 20 碳钢管的弯曲半径-偏心距关系（图 3-54），解析获得实际成形的工艺参数。根据构件的轴线形状及最小弯曲半径分布位置，将构件分为 3 个谷段和 4 个峰段。其中，4 个峰段的几何参数见表 3-2。

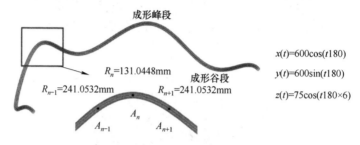

图 3-53　20 碳钢环形二次连续变曲率构件三维模型

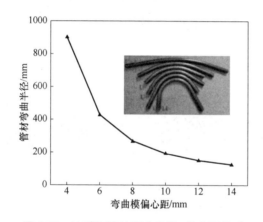

图 3-54　20 碳钢管的弯曲半径-偏心距关系

表 3-2　20 碳钢环形二次连续变曲率构件峰段具体尺寸

弯曲段	最小弯曲半径处对应控制点坐标 (x, y, z)	最小弯曲半径 R_n/mm	弯曲角 θ_n/（°）
峰段 1	$(-600, 0, 75)$	131.0448	30
峰段 2	$(-295.6364, 522.1102, 74.9038)$	131.0448	30
峰段 3	$(295.6364, 522.1102, 74.9038)$	131.0448	30
峰段 4	$(600, 0, 75)$	131.0448	30

该弯曲构件在 4 个峰段和 3 个谷段的最小弯曲半径均为 131.0448mm，弯曲角均为 30°，以上弯曲段均为成形难度较大的部分，需通过修正因子 k 对工艺参数进一步修正以补偿材料回弹、设备间隙等造成的解析误差，将修正后的工艺

参数输入设备控制软件，如图 3-55 所示。

	X轴(mm)	Y轴(mm)	Z轴(mm)	A轴(mm)	B轴(mm)	C轴(mm)	时间(s)
1	0	50	0	0	0	0	5
2	12.46	16.38	2.78	0	0	0	0.33
3	12.46	5.00	2.78	0	0	0	0.10
4	11.01	28.96	2.61	0	0	0	0.58
5	11.01	10.21	2.61	0	0	0	0.20
6	6.72	27.91	2.17	0	0	0	0.56
7	6.72	5.00	2.17	0	0	0	0.10
8	5.39	26.61	2.15	0	0	0	0.53
9	5.39	8.32	2.15	0	0	0	0.17
10	1.34	31.31	1.97	0	0	0	0.63
11	1.34	5.00	1.97	0	0	0	0.10
12	0.71	12.55	2.35	0	0	0	0.25
13	0.71	24.14	2.35	0	0	0	0.48

图 3-55　弯曲成形工艺参数输入界面

输入参数后，在三维自由弯曲成形装备上进行复杂弯曲构件的成形，并采用关节臂扫描测量设备对实际成形构件进行扫描检测，与构件的几何模型进行比对，检测结果如图 3-56 所示。测量结果显示，实际成形构件与几何模型的重合度较高，部分弯曲段达到 100% 重合。

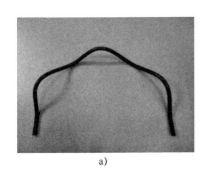
a)

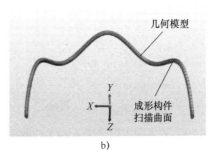
b)

图 3-56　成形后弯曲构件与几何模型的对比

a）实际弯曲构件　b）检测对比模型

表 3-3 给出了试验成形管件 4 个峰段的几何尺寸、误差对比及各个弯曲平面内的最大壁厚减薄率与最大截面畸变率。由表可见，管件的弯曲半径误差相对较小，最大偏差不超过 5%，这说明设计的自由弯曲成形工艺装置及成形工艺较为可靠，能够满足自由弯曲精确成形的要求。管件最大壁厚减薄率不超过 8%，最大截面畸变率不超过 5%，具有较高的成形质量。

表 3-3　成形后零件的几何尺寸、误差及其成形质量

弯　曲　段	最小弯曲半径 R_n/mm	最大壁厚减薄率（%）	最大截面畸变率（%）
峰段 1	131.0448（误差为 3.51%）	5.47	4.75
峰段 2	131.0448（误差为 4.32%）	7.65	4.85
峰段 3	131.0448（误差为 3.71%）	6.45	4.32
峰段 4	131.0448（误差为 2.98%）	5.24	3.21

除上述连续变曲率典型构件外，三维自由弯曲成形技术和装备还可实现具有混合曲率轴线、空间渐开线轴线、环形二次曲线轴线等复杂形状的管类构件高质量、高精度、绿色整体成形，如图 3-57 所示。从上述针对 20 碳钢环形二次连续变曲率构件的三维自由弯曲成形工艺分析可以看出，管材不同轴线曲率半径是通过调整弯曲模的偏心距来实现的，而不需要更换模具，减少了制造模具的成本，缩短了模具的制造周期。此外，对于一些变曲率的复杂管件，三维自由弯曲成形技术也具有独特优势，只需要在成形过程中不断调整弯曲模的空间位姿即可实现，能够在一个管材上实现不同曲率半径的成形，减少工艺流程和步骤，缩短产品研发周期。

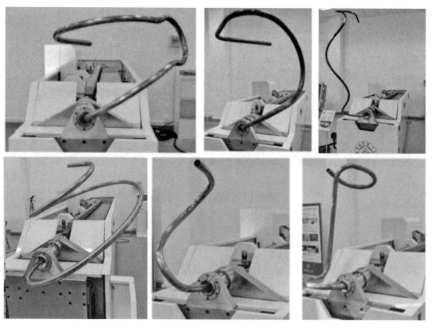

图 3-57　三维自由弯曲成形技术成形的其他复杂特征管类构件

3.5 回转体构件旋压成形技术与装备

▶ 1. 回转体构件旋压成形技术

旋压成形技术主要包括普通旋压成形、强力旋压成形和特种旋压成形。普通旋压在旋制各类薄壁回转体空心零件时，主要改变毛坯的形状和直径，主要有拉深旋压成形工艺、缩径旋压成形工艺和扩径旋压成形工艺，如图 3-58 所示。

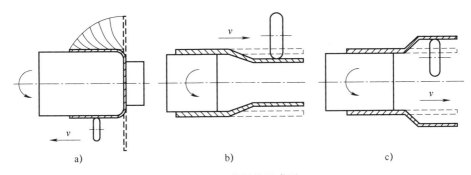

图 3-58 普通旋压成形

a）拉深旋压 b）缩径旋压 c）扩径旋压

拉深旋压作为最主要和应用最广泛的一种普通旋压加工工艺，可以拉深旋制筒形件、半球形件或锥形件等形状复杂的回转体空心构件。缩径旋压是指利用旋轮将高速旋转的空心回转体件或管状毛坯进行径向局部压缩以减小其直径的成形方法。在缩径旋压过程中，零件直径减小的同时材料沿轴向流动，壁厚也可能出现不变、变薄和增厚现象，壁厚的变化与坯料的性质、缩径程度、旋轮几何形状、旋压成形参数等要素有关。根据制件的外形、材料和成形精度要求，可采取无芯模缩径旋压、内芯模缩径旋压、滚动芯模缩径旋压等旋压方式。扩径旋压是指通过旋压工具在空心回转体构件或管状坯料的中部或端部进行旋压变形，令其局部直径增大的成形方式。

旋轮对管状毛坯施加压力，使其壁厚减薄的成形方式通常称作筒形件强力旋压，可用于加工筒形件和管形件，主要分为锥形件/异形件剪切旋压和筒形件强力旋压。剪切旋压成形是指通过旋轮对板材施加较大的旋压力，使板材壁厚趋于减薄的旋压工艺。在剪切旋压过程中，通过构件素线上点的切线与轴线的夹角的正弦值来设定构件壁厚。剪切旋压和筒形件强力旋压原理如图 3-59 所示。

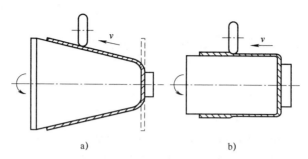

图 3-59　剪切旋压和筒形件强力旋压原理

a）剪切旋压　b）筒形件强力旋压

2. 回转体构件旋压成形装备

美国、德国及日本等发达国家在旋压设备研制、理论解析、工艺开发、技术应用等方向发展迅速。南京航空航天大学郭训忠教授团队联合西安博赛旋压科技有限公司共同开发出大型双滑台强力磁旋成形装备，如图 3-60 所示。该装备可以独立控制和联动，同时配有磁致加热系统进行温度补偿，解决了变形抗力、成形温区、成形路径、变形量与道次分配等技术难题，实现了在强推力与磁力耦合作用下坯料外径 ≥5.8m、产品直径 ≥3.35m、型面偏差 ≤0.3% 的曲母线形状构件整体成形。

针对大尺寸高强度双金属管的高效成形，研发了滚柱内旋复合成形系统及装备，如图 3-61 所示，该装备轴向复合速度可达 30mm/s。南京航空航天大学郭训忠教授团队联合江苏众信绿色管业科技有限公司在国内首次实现了直径 ≥1400mm、超薄内衬覆管径厚比 ≥700、轴向长度 ≥12.5m 的多材料体系（包括钛-铝、钛-碳钢、铜-碳钢、不锈钢-碳钢、铜-铝等）双金属管的高效、连续、稳定复合，打破了国外同行在该技术领域的长期垄断。

3. GH625 高温合金变径管缩径旋压成形的应用分析

南京航空航天大学郭训忠团队以高温合金变径管为例，进行旋压成形技术应用验证。首先进行数值模拟，探索旋压工艺参数对管体变形的影响规律。基于 ABAQUS/Explicit 模块，建立了 GH625 高温合金管多道次缩径旋压成形三维有限元模型，该模型主要由旋轮、管坯、芯模以及夹持端组成。将图 3-62a 所示的 GH625 高温合金管坯本构模型导入 ABAQUS 的材料属性模块中，设置旋轮和芯模为解析刚体，GH625 高温合金管坯设置为塑性变形体并进行网格划分，为提高计算速度，将管坯未成形区域划分成大的网格，将管坯成形区域划分成较小的网格，如图 3-62b 所示。设置旋轮与管坯的外表面摩擦系数为 0.1，芯模与管坯的内表面摩擦系数为 0.2。

a)

b)

图 3-60　大型双滑台强力磁旋成形装备

a）装备整体布局示意图　b）实际成形装备

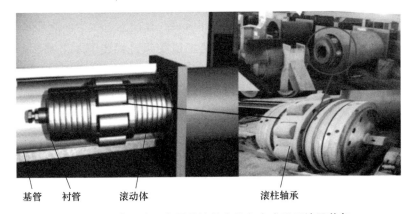

基管　衬管　滚动体　　　　　　　　滚柱轴承

图 3-61　高强度双金属管滚柱内旋复合成形系统及装备

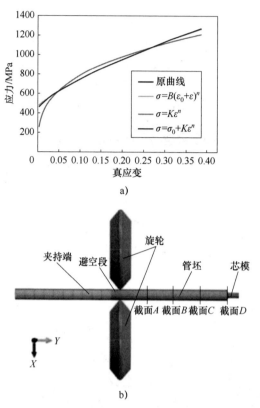

图 3-62　GH625 高温合金管缩径旋压成形有限元模型

a）管坯本构模型　b）有限元模型

基于 GH625 高温合金管多道次缩径旋压成形的三维有限元模型，分析研究了旋轮压下量对成形件尺寸精度的影响规律。当旋轮单边压下量不同时，变径管壁厚度沿管坯轴向分布的规律如图 3-63 所示。在前三道次中，旋压道次增加，总的压下量增大，壁厚值也逐渐增大，第三道次超过管坯壁厚上限 2% 的误差。在第四道次，管坯贴模成形相当于强力旋压，壁厚相对第三道次有所减薄，使壁厚误差控制在 ±2% 以内。图 3-63 中第二、第三道次的管坯壁厚沿轴向分布规律与第一、第四道次基本一致，中间区域的壁厚值比自由端的壁厚值大。相对于第三、第四道次，第一和第二道次的壁厚值波动较为严重，并且不同压下量之间的壁厚差值较大，这主要是因为前两道次管坯与芯模的间隙较大，管坯变形不及第三、第四道次稳定，壁厚有所波动。在第一和第四道次的单边压下量分别为 0.35mm 和 0.2mm 的情况下，平均厚度控制在 1~1.02mm 之间，处于 ±2% 误差范围内。

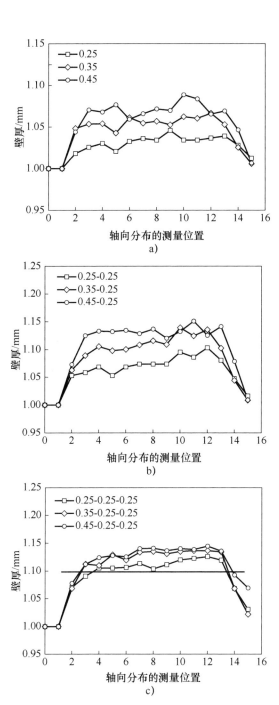

图 3-63 不同压下量下壁厚沿管坯轴向分布规律

a）第一道次 b）第二道次 c）第三道次

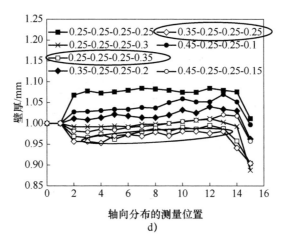

图 3-63　不同压下量下壁厚沿管坯轴向分布规律（续）

d）第四道次

基于数值模拟结果进行了 GH625 高温合金变径管多道次缩径旋压成形试验，南京航空航天大学郭训忠团队研制的缩径旋压成形装备与试验装置如图 3-64 所示。针对缩径旋压成形过程中易出现的轴向跳动大、壁厚难控制以及轴线容易弯曲等问题，设计的旋压成形装置主要包括夹头装置、旋轮和尾顶等部分。其中，控制变径管成形质量最重要的尾顶装置用于芯棒的固定以及位置调整。由于开始成形阶段芯棒与管坯未接触，因此尾顶从第二道次开始沿轴向为管坯提供拉力。通过尾顶的拉力将管坯轴向拉长，控制尾顶的运动速度达到控制壁厚的效果，将壁厚误差控制在±2%。

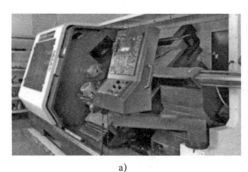

a)　　　　　　　　　　　　　　　b)

图 3-64　缩径旋压成形装备与试验装置

a）PS-CNCT600-3X 旋压机床　b）缩径旋压成形试验装置

根据数值模拟结果可知，第一道次旋轮单边压下量为 0.45mm，最后一道次压下量为 0.1mm 和 0.15mm 时，变径管的壁厚和直径基本达到尺寸要求。因此，采用该组数据进行试验和模拟对比，试验与模拟结果如图 3-65 所示，最终选择各道次旋轮单边压下量分别为 0.45mm、0.25mm、0.25mm、0.15mm。

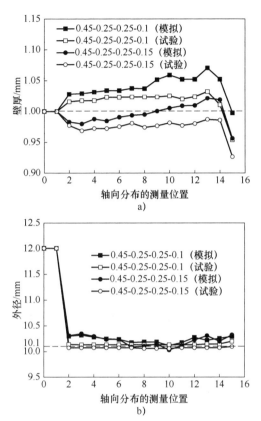

图 3-65 旋压后变径管壁厚及外径分布

a）壁厚分布 b）外径分布

三段管是在两段管的基础上进行的缩径旋压成形，并且两段管经过旋压后，材料存在加工硬化现象。为降低零件的扩径现象，获得合格零件，最终道次降低了芯模直径尺寸，提高了转速并且增大了旋压的压下量。三段管的旋压成形试验结果如图 3-66 所示，当第三道次压下量都为 0.25mm 时，压下量不够，零件长度达不到要求；当第五道次压下量为 0.5mm，第八道次压下量为 0.25mm 时，压下量过大，零件壁厚减薄，轴向拉长较多。最终确定成形三段管的单边压下量为 0.5mm、0.25mm、0.25mm、0.2mm。由此可见，成形后两段管及三段管内表面光滑，无旋纹产生。通过多道次缩径旋压成形对管坯壁厚实现精确控制，并通过施加轴向拉力解决了变径细长管整体成形难题，显著减少了原分段焊接件易出现的泄漏风险点。

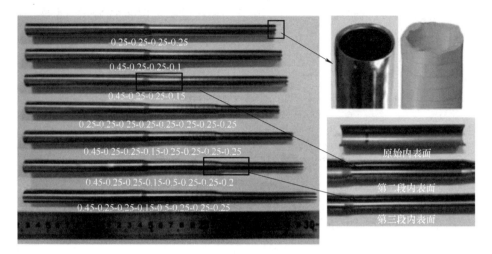

图 3-66　三段管的旋压成形试验结果

通过上述对旋压成形案例的具体分析，总结出：旋压成形工艺可聚集较大的单位力使材料产生塑性变形，因此可减小成形设备吨位；通过改变旋轮的运动轨迹，可成形出直径和壁厚不同的回转体零件，节省模具成本。此外，旋压成形工艺材料利用率高，加工成本低，工艺流程简单，特别适合于加工难变形及成形性能差的金属材料。

3.6　数字化近净锻造成形技术与装备

近净锻造是在普通锻造基础上发展起来的一项先进成形技术，零件锻造成形后不需要再加工或者只需要少量加工就可以得到所需要尺寸和形状的机械零件，具有成形精度高、后续机加工量少、成形件内部组织致密、生产率高和产品材料利用率高等优点。该技术主要应用于批量生产的零件，如航空航天复杂件，特别是一些难切削的贵重材料（如钛合金、高温合金）的复杂零部件。

3.6.1　温锻/冷锻联合成形与异种材料复合锻造

传统精密锻造工艺主要包括冷精锻、温精锻、热精锻、复合精锻及等温锻造工艺，其特点总结见表 3-4。由表可知，冷精锻锻件表面质量可高达 $Ra<10\mu m$，而温精锻及热精锻锻件表面质量较低，温精锻的锻件表面质量 $Ra<50\mu m$，热精锻的锻件表面质量 $Ra>100\mu m$，由于高温锻可提高材料流动性能，因此该工艺更适用于复杂结构构件的锻造。为了提高材料利用率，工业上常采用复合精锻，即温精锻（提高塑性，快速成形预制坯）加冷精锻（整形，提高表面质量）的方式，实现构件的高效近净成形，其工艺流程如图 3-67 所示。经过复合精锻后，其产品尺寸精度和表面质量均能达到要求，无须后续切削加工。重庆工商大学的伍太宾研究了 30CrMnSi2 钢制薄壁壳体温冷复合成形技术，发现与常规的金属切削加工工艺相比，使用该工艺的壳体内孔型面光洁，表面粗糙度达到 $Ra0.8\sim1.6\mu m$，材料的利用率由原来的 50% 提高到 90% 以上。

表 3-4　工艺特性比较

特　征	热　成　形	温　成　形	冷成形（挤制加工）
形状谱	任意	旋转对称（存在可能）	主要是旋转对称
使用的钢质量	任意	任意	$w_C<0.45\%$ 的低合金钢
正常可达精度	IT12～IT16	IT9～IT12	IT7～IT11
工件可达表面质量	$Ra>100\mu m$	$Ra<50\mu m$	$Ra<10\mu m$
经济批量	>500 件	>10000 件	>30000 件
坯料和锻料的初步处理	一般没有	一般没有或者石墨层	热处理、磷化处理
中间处理	无	一般没有	热处理、磷化处理
试验材料	热锻模具钢	热锻模具钢、高速钢、硬质金属	冷锻模具钢、高速钢、硬质金属
刀具寿命	5000～10000 件	10000～20000 件	20000～50000 件
材料利用率	60%～80%	≈85%	85%～90%
每千克锻造零件需要投入的总能量	460～490MJ	400～420MJ	400～420MJ

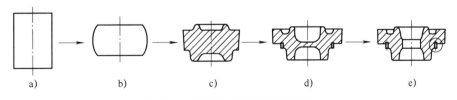

图 3-67　温精锻+冷精整工艺流程

a）下料　b）镦粗　c）预成形　d）温精锻　e）冷精锻

复合锻造（Compound Forging）成形是将不同金属材质坯体放置于模具型腔内特定位置后，对坯料进行同步镦粗，并依靠机械互锁和冶金结合来确保两部分之间的连接。复合锻造技术能够实现异种金属坯料整体较大变形量下的复合成形连接一体化，可以直接用于高性能双金属构件的精密成形，其优势包括：

工艺简单、生产率高、产品机械加工余量小、力学性能高等。为解决多材料融合加工问题，Lin等人提出了多金属齿轮的单冲程近净锻造成形工艺，其工艺流程如图3-68所示，采用该工艺能融合铝合金和齿轮钢加工工序，简化加工工序，节约了50%以上锻造齿轮材料。

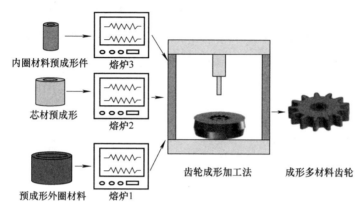

图3-68　齿轮复合锻造工艺流程

　　等温锻造是一种常用于钛合金、铝合金、镁合金等难变形材料的精密成形技术，该工艺通过加热模具及坯料的方式，大幅降低变形抗力2/3～3/4，提高材料利用率至80%～95%。该工艺向着半等温模锻和近似超速性锻造工艺发展。山东大学的徐洪强教授使用锻造温度相对较低的7075铝合金，开展半等温锻造成形技术研究，半等温锻造既包含了等温锻造的优点，又兼顾了成形和生产率，在提高生产率的同时，可获得形状完整、质量好的锻件。

　　中空分流锻造是在传统锻闭式（塞）模锻基础上发展起来的一种将锻件内孔作为分流降压腔的精密模锻新工艺。该工艺能够降低模锻成形负荷，提高模具使用寿命和锻件成形性能。将该工艺与冷精整相结合形成一个复合精锻成形工艺。该复合工艺与传统加工方法相比，材料利用率提高到90%以上，加工一些齿轮精密锻件其齿形标准公差等级可达IT7～IT8，齿面的表面粗糙度$Ra = 0.2 ～ 0.8\mu m$，生产率提高5～6倍，生产成本大幅降低。

▶ 3.6.2　数字化多工位高速锻造技术与装备

　　多工位高速锻造技术通过高速剪切下料来保证毛坯的表面质量和精度，各工位间通过机械手夹钳自动送料，可调机械手可以把任意形状的工件很好地夹持，并在恰当的时间传送到下一工位，在同一台机床上完成多个工位间高速传递和锻造成形，获得了各类精密锻件。

▶ 1. 多工位高速锻造技术

多工位高速锻造工艺的一般顺序为：棒料切断→镦粗→预成形→终成形→冲孔（或切边）。与传统单工位多工序锻造不同，多工位高速锻造工艺因高速成形、高速传递以及材料加工硬化的滞后效应，减少了热处理工序，减少了设备，节省了能源、场地与人员，是一种节能减耗的先进成形技术。该技术特别适合20000 件以上规模的大批量生产。该技术弥补了传统锻造工艺的缺点，具有材料利用率高、锻件精度高以及自动化程度和生产率高的优点，主要表现如下：

（1）材料利用率高　在锻造成形过程中，只有原材料的料头和冲孔料芯会有损失，其中损失的料头质量为毛坯质量的 2.5%～5.5%，损失的冲孔料芯质量为毛坯质量的 3%～10%，材料利用率高。

（2）锻件精度高　瑞士哈特贝尔公司研发的 AMP-70（XL）自动化多工位高速锻造机，其最大锻件外径为 165mm，通常加工余量单侧为 0.6～1mm，壁厚极限偏差为±0.5mm，壁厚公差为 1.0mm。而一般锻件外径为 160mm，加工余量单边为 1.5～2mm，壁厚偏差范围为−0.5～+1.5mm。

（3）自动化程度和生产率高　瑞士哈特贝尔公司的 AMP 30S 自动化多工位高速锻造机，其生产速度可达 50～200 件/min，相当于 10 台 20MN 自动化热模锻压力机的生产能力。在法国的一家汽车制造厂中，一台自动化多工位高速锻造机每 8h 的班产量可以生产汽车零件 3 万多件，操作人员由原来的 25 人减少到 4 人，减少了人员开支，大大提高了生产率。

▶ 2. 多工位高速锻造设备

多工位高速锻造工艺及设备在国内外得到广泛应用。瑞士哈特贝尔公司是卧式多工位高速精密锻造设备的制造商，主要产品是 HOT matic 热锻机和 COLD matic-CM725 冷锻机系列。其中全新设计的 CM725 有 7 个成形工位，以生产高品质复杂冷锻件为设计目标，可生产锻件长度范围为 8～130mm，使用的线材最大直径为 22mm，是生产汽车发动机气门冷锻件的理想设备，采用该设备生产的典型锻件如图 3-69 所示。

以哈特贝尔公司生产的 AMP-70 自动化多工位高速锻造机制备的小齿轮为例，借助有限元模拟，优化工艺流程，获得最佳加工工艺，如图 3-70 所示。该公司基于优化的加工工艺，开展多工位高速锻造成形质量研究，所制备的样件无飞边模锻，料头损失为毛坯质量的 2.5%～5.5%，冲孔料芯损失为毛坯质量的 3%～10%；通常锻件的加工余量单侧为 0.6～1mm，其生产率约为普通自动化热模锻压机的 5 倍，且其模具寿命更高。

图 3-69　CM725 冷锻机及其生产的典型锻件

a)　　　　b)　　　　c)　　　　d)　　　　e)　　　　f)

图 3-70　多工位高速锻造小齿轮工艺流程

a）正挤压　b）正挤花键　c）局部镦粗　d）复合挤压形成小齿

e）中间部分局部挤压　f）精整齿形

　　哈特贝尔公司研发的 AMP70（XL）自动化多工位高速锻造机，其坯料最大直径为 75mm，锻件直径为 165mm，单件质量为 5kg，生产率为 50~80 个/min。江苏太平洋精锻科技股份有限公司研制出多工位热模锻自动化生产线，如图 3-71 所示。该自动化生产线中的锻压系统由压力机、步进梁自动化系统、模架及自动润滑系统组成，其中压力机具有多工位单独顶料机构和单工位闭合高度调整机

图 3-71　多工位热模锻自动化生产线

构。步进梁自动化系统实现了工件压力机中多工位自动锻造、搬运；子母模架结构可方便实现快速换模。

▶▶ 3.6.3 核电异形大锻件一体化成形关键技术

随着我国超大型核电工程的推出，大型异形锻件需求量在不断增加，其制造难度也越来越大。例如，AP1000 核电常规岛汽轮机整锻低压转子锻件的直径达到 3000mm，CAP1400 核电常规岛发电机转子净重超过 250t。核电部件传统制造大多采用分体组焊，组焊焊缝的风险系数较高，一次性合格率较低，返修工作复杂烦琐；同时由于接管组焊焊缝数量多，受焊接残余应力影响，接管段变形较大，即使使用防变形工艺，也要增加校形工序，大幅增加了制造周期。为此，核电锻件大型化一体化是发展趋势。核电异形大锻件一体化成形技术，可以将大锻件自由锻工艺升级为挤压-模锻工艺。使用大型模锻液压机可使锻件在胎模锻模具内实现三向压应力锻造，同时能获得细小、均匀的晶粒，确保锻件内部组织致密，大幅度提高锻件内在质量且节约材料。

我国一重集团有限公司、二重集团有限公司、宏润重工集团有限公司、北京机电研究所等国内优势企业、科研院所及高校，通过协同创新，开展异形封头、泵壳等核电大锻件近净成形应用研究，实现节材、节能，提高材料利用率，降低制造成本。自由锻工艺需要 400t 坯料，挤压-模锻成形工艺只需 220t 坯料，同时大幅度缩短了机械加工周期。河北宏润核装备科技股份有限公司应用 5 万 t 垂直挤压机实现百万千瓦核电不锈钢泵壳热胎模挤压成形，同时实现了核电主泵泵壳、核电主管道、斜三通、阀门体等复杂管道产品的一次挤压成形。

针对核电 RPV 整体顶盖和 SG 水室封头等形状复杂的封头类锻件，宏润重工集团有限公司等单位采用数值模拟和试验模拟方法，对工艺方案进行评价，整体拉深工艺中板坯形状、凸凹模结构、凸凹模间隙为主要影响参数，研究了旋转锻造成形工艺和整体拉深工艺，在此基础上优化主要工艺参数，实现了封头锻件形状尺寸的有效控制。核电 RPV 一体化接管段为一端带内、外法兰的直筒形件，核电 SG 锥形筒体为两端带过渡直段的锥形筒段，两者均为核电最为复杂的筒形锻件。仿形锻造具有锻件纤维流线连续、变形均匀、均质性好、使用寿命长、机加工少、材料利用率高等优点，是锻造行业的高端技术，也是大型复杂锻件制造技术的发展趋势。采用数值模拟和试验模拟技术，开发了 RPV 接管段和 SG 锥形筒体的仿形锻造技术，并优化其工装模具及锻件形状尺寸控制。

核电大锻件成形技术，由自由锻发展为胎模锻造，解决了钢锭心部冶金缺陷压实、镦压过程应力应变控制等难题，节材 20% 以上，缩短制造周期 30 多天。核电大锻件成形技术，由实心锻件到空心锻件、不锈钢主管道空心锻件，整体仿形锻造可实现节材 30%。为更好地实现核电大锻件数字化精确成形制造，需要进一步开展核电异形大锻件一体化成形工艺开发与形性控制技术研究，研究核电异形大锻件一体化成形工艺及工装模具，揭示核电异形大锻件一体化成形中的微观组织演变规律、建模与不均匀组织控制方法，开展核电用钢热变形行为、缺陷和组织性能控制、性能热处理技术研究。建立大型复杂核电管道挤压成形技术规范、大型复杂管道绿色热处理工艺规范等。

另外，机器人锻造是一种先进制造方式，旨在使锻造过程完全自动化。2019 年英国帝国理工学院完成柔性化智能机器人的设计，并研发出全自动机器人锻造设备。所研制的机器人锻造设备适用于小批量复杂结构件的锻造生产，具有结构设计简单、效率成形高的优点。2019 年美国俄亥俄州立大学 LIFT 团队基于共享机器人锻造设计理念（图 3-72），研制了机器人锻造设备的部分样机（图 3-73）。

图 3-72　全自动机器人锻造装备设计理念

韩国蔚山大学 Hong-Seok Park 等采用数值模拟方法对制造生产历史数据进行分析，并对工艺链进行整体优化，开发了一种基于离散事件模拟的方法，实现了对锻造件的智能锻造加工。结果表明，与现有锻造工艺相比，该锻造工艺链的能量效率可提高约 10%，采用该方法制备的曲轴具有更加环保和高效的优势。智能装备技术以数据库实时诊断为核心，将生产过程中各种设备的信息和数据集成，实现了对设备的管控。

图 3-73 全自动机器人锻造装备

3.7 绿色塑性成形的发展趋势

作为一种综合考虑环境影响和资源效率的现代制造方式，绿色锻压技术未来将向着高精度、低能耗、低成本、绿色环保等方向发展，提高材料利用率，降低设备能耗，并与工业机器人技术、信息技术等结合，不断提高装备的自动化水平，推进锻压行业节能减排。《中国锻造行业"十四五"发展纲要》指出：通过定量化控制设备主要参数和产品工艺参数，并结合热加工过程的近净成形技术和热处理技术，提高锻件材料利用率，尺寸控制精度、探伤和性能一次合格率，缩短锻件热加工周期，减少热加工能耗等方面开展工作。

面向未来锻压行业绿色发展，主要表现在以下三个方面：

▶▶ 1. 锻压技术向着柔性化、精密化、绿色化、复合化成形技术发展

单一的塑性成形工艺往往难以兼顾成形性能和成形精度的要求，将冷、热成形不同工艺结合起来发展复合成形技术实现精密塑性成形，充分发挥冷热成形的优势，可以提高材料利用率，减少后续机加工，实现绿色塑性成形。锻压过程的模拟、仿真和优化，镁合金成形、微成形、板材渐进成形、热冲压成形、管材液压成形（内高压成形）等是近年来研究的热点。

在材料研究方面，主要研究方向为铝合金、镁合金和钛合金等轻合金及复合材料与高性能特种钢锻压成形，从过去单一成形向控形控性成形方向发展，研究锻压过程中金属流动控制、锻压力控制、复杂形状的成形建模和锻件内部品质技术。持续开展锻压过程建模与数值模拟优化、轻合金与复合材料成形、

金属超塑性成形、复杂形状构件渐进成形、管材液压成形、金属微成形、粉末锻压成形、精密冷锻和精密模锻、旋压成形过程轨迹精确控制、高强度锻压模具等基础理论、工艺技术及装备研究。

针对我国制造业高效、清洁、绿色生产的迫切要求，以航天航空、汽车、轨道交通等领域具有重大工程应用背景且量大面广的产品需求为对象，开展绿色锻造成形工艺关键技术研究，掌握绿色化锻造生产工艺核心技术，研究开发1100~1500MPa级高强度航空钛合金紧固件多工位自动冷镦/热镦成形制造成套技术，实现高效、高精密、低成本制造以及组织、性能、尺寸精确可控，满足我国航空工业战略发展尤其是国产大飞机项目对轻质、高强、高可靠性钛合金紧固件等方面的迫切需求。

针对航空航天领域耐高温、高强度、耐腐蚀、长寿命等复杂结构应用需求，满足以临近空间飞行、高机动、快速响应、高可靠性以及多任务、低成本为主要技术特征的飞行器对零部件结构性能的苛刻要求，开展高温钛合金、Ti-Al 金属间化合物、高温合金等难变形材料超塑成形/扩散连接实现条件、成形精度分析与预测、线膨胀尺寸控制技术及成形质量检测、缺陷分析及抑制技术以及装备研究，提出尺寸精度与成形缺陷控制方法，突破航空航天难成形材料复杂构件超塑成形关键技术，满足高温合金、Ti-Al 金属间化合物、高温钛合金等难成形材料复杂构件成形制造需求。

▶ 2. 轻量化材料构件向着大型化、集成化、整体化发展

随着大型民航客机、高铁动车等高端装备的技术发展，对轻量化材料构件提出了大型化、集成化、整体化的要求，减少零件和紧固件数量，减轻部件重量，提高装备可靠性已成为轻量化材料构件发展的主要趋势。超超高强铝合金框架是大飞机的关键结构，需要开展高性能、复杂截面、大尺寸薄壁结构件产品的轻量化高性能制造技术与装备研究。针对航空航天、轨道交通、汽车等领域轻合金应用开发需求，开展铝合金、镁合金、钛合金等轻合金材料热加工连续变形条件下流变行为研究，建立精确的多尺度、多学科、多功能、高精度、高效率的热加工全过程数值模拟本构模型、破裂准则和缺陷机理，优化成形工艺，实现成形零件尺寸精度与微观组织性能的精确控制。同时，针对航空航天、汽车等领域铝合金、镁合金、超高强钢、复合材料等轻量化材料构件高效精确成形需求，开展高强铝合金/超高强钢热冲压成形工艺研究、三维弯曲、渐进成形、旋压成形等技术与数字化技术结合，将进一步提高成形的柔性化水平。

轻量化材料性能向定制化、结构功能一体化发展，结合材料数字化设计、数字化成形技术的应用，轻量化材料性能定制化趋势越来越明显。为更好地满

足航天、船舶等高性能构件对轻量化材料结构功能一体化的要求，复合材料因其轻质高强、可设计、能够兼具良好的力学性能和物理性能等优点，已成为结构功能一体化材料的主要发展方向。以波音 787 和空客 A350 为例，每一架波音 787 飞机其结构比例中有大概 50% 的复合材料和 30% 左右的钛合金，从材料密度考虑能减重 20t，降低了油耗和碳排放。空客 A350 超宽机身，所使用的复合材料占比能够达到 52%。

开展高强铝合金热成形工艺研究。研究高强铝合金热成形及流变特性规律，建立基于物理意义的高强铝合金在高温下的本构方程，对热冲压成形机理与强化机理进行研究。研究高强铝合金热冲压模具冷却系统设计方法和冷却介质的优选，形成模具设计方法和技术标准，确保零件冷却速度可达到固溶处理要求。研究原材料状态、加热温度、保温时间、转移时间、保压时间以及时效时间等工艺参数对零件可成形性及强度的影响规律，掌握成形工艺。车门防撞梁、A 柱加强板等零件批量装车应用，抗拉强度达到 450~500MPa，尺寸精度达到装车要求。

开展超高强钢热冲压成形技术研究。针对汽车领域对定制强度热冲压、高效低能耗制造等先进技术的需求，开展钢板组织转变及强化机理、模具设计方法、冷却介质流量智能控制设备开发等研究。研究抗拉强度在 1750MPa 以上的高强钢零件成形技术，揭示钢板成形前温度等关键参数对零件组织、性能的影响，钢板不同组织区域之间的分布规律，掌握定制强度热冲压工艺，实现零件抗拉强度在 600~1450MPa 范围内可控。开展热冲压成形淬火一体化模具设计方法研究，开发出模具冷却介质流量智能控制设备，实现随模具状态而调节水流量，缩短生产节拍，节能降耗。

开展钛合金超塑成形多层中空结构复杂零件、汽车铝合金车身挤压/冲压零件、数控轧制铝合金整体环件/筒段、大型铝合金回转体零件冷/热胀形等构件的成形模拟计算、微观组织预测、工艺优化，为关键主机装备提供成形工艺，提高零件成形质量，降低产品废品率。

⟩⟩ 3. 绿色锻压技术向着自动化、数字化、网络化、智能化方向发展

数字化、网络化和智能化已经成为提高生产率、降低生产成本，提升产品品质和实现产品制造轻量化的重要手段。采用数字化、网络化、智能化的生产工艺与装备可实现产品成形制造过程的工艺优化，确保零件的质量，预测组织、性能与使用寿命，显著缩短产品研发周期，降低生产费用，并大量节约资源与能源。建模与仿真、互联网+、人工智能、物联网与在线检测等信息化技术与先进成形技术及装备实现深度融合已成为未来发展的主要趋势，将大量应用于飞

机、导弹、汽车等产品的轻量化设计与成形制造。随着工业机器人、大数据等新技术的发展，也推动着锻压行业向着数字化、网络化、智能化方向发展，通过开发绿色工艺专家系统、研制新型数字化成形装备、建立智能化塑性成形生产线，持续推进数字化绿色制造车间、智能工厂建设，可以提高生产率，降低能源消耗。同时也可将生产大数据分析与工艺仿真模拟结合起来，不断优化生产工艺，以实现节能节材的效果。

针对航空航天、轨道交通、汽车、船舶等领域轻量化材料应用开发需求，开展铝、镁、钛等轻合金、复合材料成形过程工艺模拟优化软件与可视化技术研究。研究整机或零部件数值模拟数据的后处理和轻量化实时渲染技术，实现层级细节的分级描述。研究沉浸交互式虚拟设计技术，在各类显示设备上实现工程数据的可视化应用，开展头戴式、裸眼、偏振等多种沉浸方式下数值模拟结果可视化与交互的研究。

针对航空航天、轨道交通、汽车等行业轻量化材料构件数字化、智能化、绿色化的生产线、车间、工厂建设，开展智能化成形装备、中央控制系统、网络化制造数据库、数据采集管理系统、PLM/MES/ERP 集成信息管理系统以及轻量化材料先进成形装备标准/规范/安全可靠性等系统集成研究，提供系统解决方案。开展基于 RFID、SCADA 网关等的生产过程数据采集系统和基于 PROFINET 等工业网络的数据通信网络，实现生产过程工艺数据、任务数据、设备状态数据的实时采集与传输；搭建基于数据库和工业 PLC 的生产过程中央管控系统实现生产过程工艺装备、物流装备、辅助装备等的集中管控与实时监控，实现生产过程中生产任务、物流装备的集中调度与管控；基于 VPN、云平台和大数据的生产装备远程运维系统、基于专家系统的故障预警和故障索引等研究，可实现生产过程装备的远程运维及健康管理。将上述系统进行集成应用，搭建起板材等成形过程的生产信息化集中管控系统，实现生产过程的数字化集中管控与远程运维。

针对锻造、板料成形等生产过程各个工艺环节的水、电、气、汽等多种能源消耗采用水流量计、智能电表、气体流量计、蒸汽流量计等进行集中采集、监测、分项计量，通过能源监控、能源分析、重点能耗设备、关键工艺和废物废能等各项能耗分析诊断，优化生产过程能源综合利用，促进生产过程的绿色化；开展生产过程的绿色评价指标和指标权重分析方法研究，建立生产过程的绿色指标评价体系，提高生产过程的绿色化水平。

参 考 文 献

［1］蔡恩泽．"中国制造 2025"与德国"工业 4.0"的对接［J］．产权导刊，2016（5）：12-13．

［2］LI F, XU P, SUI X C, et al. Investigation of a new method for sheet deep drawing based on the pressure of magnetic medium［J］. Materials Transactions, 2015, 56（6）：781-784.

［3］MENG B, WAN M, WU X D, et al. Development of sheet metal active-pressurized hydrodynamic deep drawing system and its applications［J］. International Journal of Mechanical Sciences, 2014, 79（1）：143-151.

［4］KONG D S, LANG L H, SUN Z Y, et al. A technology to improve the formability of thin-walled aluminum alloy corrugated sheet components using hydroforming［J］. The International Journal of Advanced Manufacturing Technology, 2016, 84：737-748.

［5］ZAFAR R, LANG L H, ZHANG R J. Analysis of hydro-mechanical deep drawing and the effects of cavity pressure on quality of simultaneously formed three-layer Al alloy parts［J］. The International Journal of Advanced Manufacturing Technology, 2015, 80：2117-2128.

［6］LANG L H, LI T, ZHOU X B, et al. The effect of the key process parameters in the innovative hydroforming on the formed parts［J］. Journal of Materials Processing Technology, 2007, 187：304-308.

［7］LANG L H, LI T, ZHOU X B, et al. Optimized constitutive equation of material property based on inverse modeling for aluminum alloy hydroforming simulation［J］. Transactions of Nonferrous Metals Society of China, 2006（6）：1379-1385.

［8］LANG L H, DANCKERT J, NIELSEN K B. Multi-layer sheet hydroforming：Experimental and numerical investigation into the very thin layer in the middle［J］. Journal of Materials Processing Technology, 2005, 170（3）：524-535.

［9］HAMA T, KOJIMA K, NISHIMURA Y, et al. Variation of lubrication condition during sheet hydroforming［J］. Procedia Engineering, 2014, 81：1029-1034.

［10］张在房，徐冯，孙习武．火箭贮箱箱底充液拉深成形工艺的多目标优化［J］．机械工程学报，2022，58（5）：78-86．

［11］杨声伟，于弘喆，张淳，等．充液成形技术在航天火箭整流罩成形中的应用［J］．航空制造技术，2020，63（1）：81-86．

［12］王少华．充液冲击复合成形机理及关键技术研究［D］．北京：北京航空航天大学，2015．

［13］CHOKSHI P，DASHWOOD R，HUGHES D J. Artificial Neural Network（ANN）based microstructural prediction model for 22MnB5 boron steel during tailored hot stamping［J］. Computers & Structures, 2017, 190（10）：162-172.

［14］ ZHOU J，WANG B Y，HUANG M D, et al. Effect of hot stamping parameters on the me-chanical properties and microstructure of cold-rolled 22MnB5 steel strips［J］. International Journal of Minerals Metallurgy and Materials，2014，21（6）：544-555.

［15］ MOHAMED M S，FOSTER A D，LIN J，et al. Investigation of deformation and failure fea-tures in hot stamping of AA6082：Experimentation and modelling［J］. International Journal of Machine Tools & Manufacture，2012，53（1）：27-38.

［16］ FAKIR O E，WANG L，BALINT D，et al. Numerical study of the solution heat treatment，forming, and in-die quenching（HFQ）process on AA5754［J］. International Journal of Ma-chine Tools and Manufacture，2014，87：39-48.

［17］ 傅垒. 6111 铝合金热变形行为与热冲压工艺研究［D］. 北京：北京科技大学，2013.

［18］ 马闻宇. AA6082 铝合金热冲压成形控性规律研究及工艺优化［D］. 北京：北京科技大学，2016.

［19］ 崔晓辉，莫健华，朱莹. 电磁平板自由胀形 3D 数值模拟［J］. 中国有色金属学报（英文版），2012，22（01）：164-169.

［20］ KAMAL M，DAEHN G S. A uniform pressure electromagnetic actuator for forming flat sheets［J］. Journal of manufacturing science and engineering，2007，129（2）：369-379.

［21］ 孟正华，黄尚宇，胡建华，等. 镁合金板材温热电磁复合成形试验研究［J］. 机械工程学报，2011，47（10）：38-42.

［22］ 陈德第，李轴，库桂生. 国防经济大辞典［M］. 北京：军事科学出版社，2001.

［23］ 李凤华. 中国冲压行业"十四五"发展纲要（连载一）［J］. 锻造与冲压，2021（8）：35-39.

［24］ 潘复生，张丁非. 铝合金及应用［M］. 北京：化学工业出版社，2006.

［25］ 王柏龄. 全铝车身的研究及发展［J］. 汽车工业研究，2000（6）：31-33.

［26］ 王孟君，黄电源，姜海涛. 汽车用铝合金的研究进展［J］. 金属热处理，2006（9）：34-38.

［27］ 关绍康，姚波，王迎新. 汽车铝合金车身板材的研究现状及发展趋势［J］. 机械工程材料，2001（5）：12-14；18.

［28］ 袁序弟. Automobile 汽车用铝前景及铝材需求［J］. 有色金属再生与利用，2005（10）：19-21.

［29］ 吴顺达. 中国锻造行业"十四五"发展纲要（连载四）［J］. 锻造与冲压，2021（11）：52-57.

［30］ 姜超. 汽车超高强钢件热冲压强化机理研究［D］. 北京：机械科学研究总院，2014.

［31］ 校文超. 7075 铝合金板材热塑性本构建模与热冲压关键技术研究［D］. 北京：北京科技大学，2018.

［32］ 王燕齐，程永奇，张鹏，等. 板料先进成形工艺研究现状与发展趋势［J］. 热加工工艺，2018，47（7）：5-10.

[33] 崔震. 基于并联运动机床的金属板料渐进成形技术基础研究 [D]. 南京：南京航空航天大学, 2010.

[34] 王建华. TA2 纯钛板电流辅助强力旋压成形机理和工艺研究 [D]. 南京：南京航空航天大学, 2020.

[35] 赵震, 白雪娇, 胡成亮. 精密锻造技术的现状与发展趋势 [J]. 锻压技术, 2018, 43 (7)：90-95.

[36] 王新云, 金俊松, 李建军, 等. 智能锻造技术及其产业化发展战略研究 [J]. 锻压技术, 2018, 43 (7)：112-120.

[37] 王宝忠. 中国核电锻件的现状及未来发展设想 [J]. 上海电机学院学报, 2016, 19 (6)：311-317.

[38] 徐刚, 崔瑞奇, 王华. 我国金属成形 (锻压) 机床的现状与发展动向 [J]. 锻压装备与制造技术, 2017, 52 (3)：7-16.

[39] 李倩. 大模数高厚度直齿轮精密成形工艺数值模拟及试验研究 [D]. 北京：机械科学研究总院, 2012.

第4章

———

绿色焊接工艺与装备

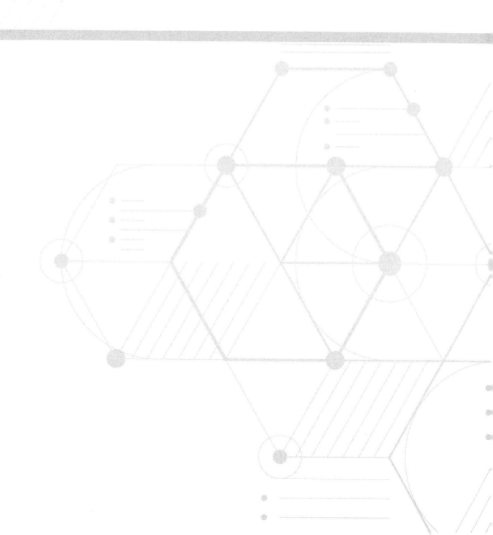

焊接是通过加热、加压或热压复合的方式实现材料连接的方法，是制造业重要的成形手段，广泛应用于航空航天、轨道交通、汽车船舶、能源装备等领域。焊接作为重要的工业基础制造工艺之一，从一种传统的热加工技艺发展成为集材料、冶金、结构、力学、电子、自动化、数字化等多门类科学为一体的先进成形制造技术。绿色发展理念已深深融入焊接成形制造领域，绿色焊接工艺与装备已成为绿色制造的重要支撑和组成部分。实现绿色焊接，需要焊接材料、焊接工艺和焊接装备的绿色化。通过焊接材料绿色化，发展先进的焊接工艺以及自动化、数字化、智能化的焊接装备来减少焊接过程污染，降低焊接能耗，提高焊接质量。焊接材料的绿色化，可从源头上避免污染环境；环保焊接工艺，可进一步减少对环境的影响；应用绿色焊接工艺与装备和绿色环保型焊接材料，可持续减少焊接污染物的产生，并降低能源消耗。

4.1 绿色焊接材料

焊接材料绿色化是实现绿色焊接的重要支撑，可从源头上实现绿色制造。为了减少焊接产生的烟尘、飞溅等污染，无镀铜焊丝、无害化药芯焊丝的研发与应用成为焊接材料绿色化的重要手段。国内外围绕低排放焊接材料、无害化焊接材料等开展了大量研究与应用推广工作。

4.1.1 低排放焊接材料

低排放焊接材料是为了减少焊接产生的烟尘、飞溅等污染而研制的新型焊接材料，无镀铜焊接材料、复合焊接材料是低排放焊接材料的典型代表。随着焊接自动化和半自动化的持续发展，自动化焊丝应用比例越来越高，为了增加焊丝的导电性和焊接稳定性，焊丝表面需要进行镀铜处理。铜层在焊接时形成铜烟雾，根据德国金属制造业健康与安全委员会编制的《焊接及相关工艺过程中的有害物质》描述，近95%的焊接烟雾来自于填充金属。焊丝表面的镀铜层不可避免地大量进入焊接烟尘中，成为烟尘的主要有毒物质。随着国际上绿色制造理念的不断深入，国家对焊材制造的环保要求越来越高，为适应国际上这一主流的制造理念，为解决焊材过程的环保问题，降低制造成本，以实现企业的可持续发展，针对表面镀铜的实心焊丝在焊接过程中产生的铜烟尘污染问题，国内外研究人员开发了无镀铜焊丝。无镀铜焊丝作为一种高效、优质、环保、低成本的新型焊接产品逐渐兴起，无镀铜焊丝在焊接时，作业者能免受含铜烟雾的损害，是保护地球环境和人类健康的产品。日本、美国等工业发达国家，无镀铜焊丝的使用比例均在 30% 以上，并呈逐年上升趋势。随着生产无镀铜焊丝厂家的增加，无镀铜焊丝生产工艺也有较大进步，并向着绿色环保方向发展。其生产工艺流程分为三个主要工序，即材料前处理、拉拔工艺、焊丝表面后处理。无镀铜焊丝经过持续发展，已逐步走向成熟，我国主要的无镀铜焊丝生产企业有金桥、大桥、昆山中冶焊材、大西洋、聚力、索力得、蓝宇、华通、铁锚、京群、鑫宇等，图 4-1 所示为天津市金桥焊材集团有限公司自主研发的无镀铜焊丝设备。

a)

b)

图 4-1　天津市金桥焊材集团有限公司自主研发的无镀铜焊丝设备

a）无镀铜拉丝设备　b）无镀铜核心设备

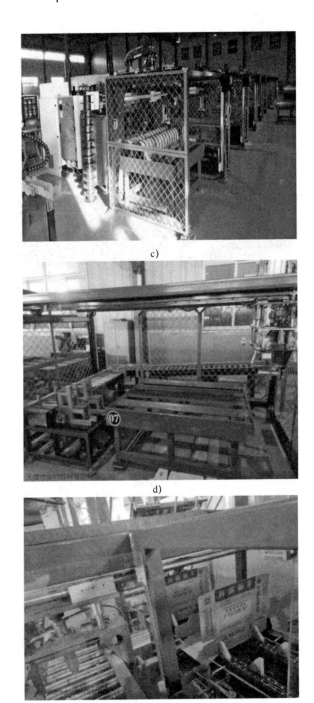

c)

d)

e)

图 4-1 天津市金桥焊材集团有限公司自主研发的无镀铜焊丝设备（续）

c）自动层绕设备　d）自动上料设备　e）自动叠纸盒设备

f)

图4-1 天津市金桥焊材集团有限公司自主研发的无镀铜焊丝设备（续）

f）自动包装设备

　　复合焊接材料是指焊接材料与焊剂/钎剂一体化的材料，典型绿色产品包括药芯焊丝和复合钎料。为大幅度降低焊接过程中烟尘量和飞溅量，国内外相继开展无害化药芯焊丝的研发。美国 HOBART 公司开发了含 Mn 量极低的 Element 低锰药芯焊丝系列产品，该产品适用于通风不良、狭窄空间工况下的焊接。日本神钢集团开发的 DW-Z（二氧化钛型）及 MX-Z（金属粉型）系列药芯焊丝，其烟尘量和飞溅量分别比原来 DW 及 MX 系列焊丝低约 30% 和 35%。法国 SAF 公司开发了牌号上加"Green"（绿色）的低发尘量药芯焊丝，如 SAFDUAL GREEN 101，烟尘量和飞溅量均可降低 30%~50%；ESAB 等公司也开发了类似低发尘量药芯焊丝产品。我国也充分认识到低烟尘、低飞溅的重要性，开展了相关研究，如北京金威焊材有限公司开发的系列低烟尘低飞溅不锈钢药芯焊丝，弥补了低发尘量药芯焊丝在我国市场的空白。山东聚力焊接材料有限公司在研发低锰实心焊丝的基础上，又自主研发了低锰药芯焊丝，并通过添加其他无害组分，进一步提高焊丝的强度和韧性。沈阳航空航天大学的国旭明等人研制了一种自制的超低碳耐候钢焊丝，相较商用 CHW-55CNH 耐候钢焊丝的飞溅率降低了 78.8%，且微观组织更加细密、均匀，其对比结果见表 4-1。

表4-1　两种焊丝的对比结果

焊　　丝	焊件焊接质量/g	焊件焊后质量/g	焊丝消耗质量/g	飞溅率（%）
超低碳焊丝	945. 39	980. 86	35. 88	1. 143
CHW-55CNH	466. 89	493. 59	28. 22	5. 386

第❹章

绿色焊接工艺与装备

　　无缝药芯焊丝是近年来药芯焊丝的发展方向之一，目前无缝药芯焊丝从研究深度和品种系列上都有较大进展。例如，日本新日铁公司和我国洛阳双瑞特种合金材料有限公司，都增加了产品品种和研究深度。与常规实心焊丝相比，新日铁公司开发的新型 SX-26、SX-55 和 SX-60 无缝药芯焊丝具有更大的焊接熔深，起弧时间缩短 25%，大电流焊接时大尺寸的飞溅颗粒明显减少（1mm 以上颗粒减少 90%），熔渣也大量减少，减少了焊后表面清理工作量；焊接电弧变软，电弧燃烧稳定，有效降低了熔滴表面张力，提高了焊接舒适度，适合焊接 E 级船板。但是，新日铁公司和洛阳双瑞特种合金材料有限公司的无镀铜焊丝制造工艺复杂，生产成本高。因此，仅用于对韧性有特别严格要求的结构上。

　　钎剂对于获得高质量的钎焊接头不可或缺，但钎剂属于腐蚀性污染物。传统钎焊钎料和钎剂分开使用，易带来钎剂浪费，且清洗残留钎剂会产生新的污水排放，而钎料钎剂复合化是推动钎焊绿色化的趋势之一。将钎料钎剂复合制备一体化的钎焊材料可减少钎剂排放。如图 4-2 所示，郑州机械研究所有限公司研究开发的银基、铜基、锌基和铝基等药芯钎料流动性好、接头强韧性高，与传统钎料相比，钎料钎剂一体化的药芯钎料，可以实现钎剂定位、定温、定时、定量精准反应并且利用率高。在同样工况条件下，使用药芯钎焊焊丝、药皮钎焊条、"三明治"钎焊焊带等复合钎料可降低 70% 的钎剂使用量，可大幅降低焊接产生的烟尘量和有害物排放，且能有效减轻过量焊剂对环境的污染。对于钎料钎剂一体化的药皮钎料，钎焊国家重点实验室基于钎剂组分间定向反应和时变效应，完成无胶自粘接，成功取代了国外高比例胶粘工艺。这种绿色药皮钎料在钎焊过程中无毒烟、无残炭，钎缝可靠性高、环境友好，优于国外同类技术和产品，从根源上实现了清洁钎焊。

a)　　　　　　　　　　　　　　　b)

图 4-2　郑州机械研究所有限公司开发的复合钎料

a) 药芯钎料　b) 药皮钎料环

▶ 4.1.2　无害化焊接材料

无害化焊接材料是指不存在有毒元素的焊接材料。我国焊接材料领域围绕无害化焊接材料开展了大量工作，其中以无害化钎焊材料为典型研究代表。镉元素在钎焊材料中具有降熔点、促润湿的作用，但其对人体健康的危害巨大。在钎焊材料无镉化方面，郑州机械研究所有限公司针对无镉钎料熔点高、流动性差、成本高且难以使用的难题，研究了常用元素的主导作用和协同效应，探明钎料组织演变规律，创建镉当量公式为代镉奠定基础，并提出"工艺熵""性能熵"概念，建立精准评价模型，可以精准预测性能，发现相关元素与镉的效用关系，通过在银、铜、锌基础上添加铟、镓、锡等元素进行镉元素代替。同时，创建钎料数字设计体系，打破试凑和经验的传统模式，实现钎料设计高效精准化。

国际上也有学者在熔化焊焊丝方面开展无害化工作。基于无害化药芯焊丝的成分设计，美国 HOBART 公司开发了用于船舱内通风不良、狭窄空间焊接的烟尘中含 Mn 量极低的 Element 低锰药芯焊丝系列，有利于改善作业环境和保护焊工健康。

与传统钎料相比，药芯复合钎料可减少 50%~80% 的钎剂等有害物排放。在绿色钎焊工艺方面，感应-炉焊复合钎焊技术将低温区段电阻炉加热与高温区段感应加热结合起来，工作效率提高 3~6 倍，能耗降低 75%。与传统钎焊相比，真空-感应复合钎焊技术周期缩短 90%~95%，降耗 30%~50%。

4.2　绿色焊接工艺

在先进焊接工艺方面，以激光-电弧复合焊、搅拌摩擦焊为代表的先进绿色焊接技术应用越来越广泛，取得了良好的节能减排效果。激光焊接利用了激光高能量密度加热的特点，是一种高精度的焊接技术，而激光-电弧复合焊既能充分利用激光、电弧两种热源的优点，又能通过复合弥补各自的缺点，复合电弧减少了激光反射、折射，有利于提高激光利用率。激光-MAG 焊、激光-TIG 焊、激光-PAW 焊等都属于激光-电弧复合焊技术。德国帕本堡的 Aker Warnow Werf 船厂与美克伦博格焊接技术研究所采用激光-电弧复合焊技术焊接中厚板时，其焊接效率提高了 3~4 倍，且提高了焊接接头力学性能和耐蚀能力。我国采用激光-熔化极电弧复合焊技术焊接 100～1600t 吊装能力的起重机高强钢伸臂纵焊缝，比原来弧焊工艺的焊接效率提高 1 倍，焊接变形减少 50%。哈尔滨焊接研究院有限公司联合中车青岛四方机车车辆股份有限公司采用激光-电弧复合焊技术进行某新型高速列车样车的地板、侧墙、顶棚大部件焊接，比传统弧焊的焊接效率提高 4 倍，焊接变形减少70% ~ 90%。搅拌摩擦焊通过搅拌摩擦热进行焊接，摩擦热不会使焊接材料熔化，且不产生焊接烟尘、飞溅，是一种绿色焊接技术，在航空航天、汽车制造、轨道交通等领域应用广泛。搅拌摩擦焊技术已应用到高速动车组铝合金车体的焊接中。

目前国际上主流的绿色焊接工艺主要有激光-电弧复合焊、搅拌摩擦焊和绿色钎焊。这些技术的出现在提升焊接效率、降低焊接能耗、提高焊接质量方面发挥了突出的作用。

▷ 4.2.1 激光-电弧复合焊技术

空客 A380 中采用双侧激光同步焊接技术焊接了 8 张壁板，使机身降重10%。与其他焊接热源一样，激光焊接也有其缺点，如设备投资大，能量利用率低，焊前的准备工作要求高，接头中易产生气孔、裂纹、咬边等缺陷。激光-电弧复合焊技术可用于厚板和难焊金属的高速焊接，自从 20 世纪 70 年代问世以来，就显示出了它的优越性，并展示出了巨大的应用潜力。哈尔滨焊接研究院有限公司林尚杨院士团队、南京航空航天大学的占小红团队等开展电弧焊接与激光-电弧复合焊效率及耗能研究，相关研究结果表明，激光-电弧复合焊的连接效率是 TIG 焊的 5 倍，是激光焊接的 2 倍，能耗大幅降低。

激光-电弧复合焊工艺主要有激光-TIG 电弧复合焊、激光-等离子弧复合焊、激光-MIG/MAG 电弧复合焊、激光-双电弧复合焊、激光-埋弧复合焊等。激光器主要有 CO_2 激光器、YAG 激光器以及光纤激光器等。例如，激光-TIG 电弧旁轴复合焊如图 4-3 所示，TIG 电弧焊为非熔化极焊接，它可与激光复合焊接。激光-TIG 电弧复合焊不仅可以采用单面复合焊，也可以采用双面复合焊。

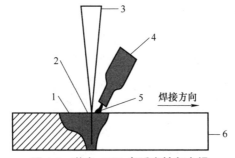

图 4-3　激光-TIG 电弧旁轴复合焊
1—熔池　2—小孔　3—激光束　4—TIG 焊枪　5—电弧　6—工件

研究表明，激光-TIG电弧双面复合焊也可以显著增加接头熔深，降低焊缝中气孔的数量，改善焊缝成形质量，提高能量利用率。

德国亚琛工业大学焊接研究所（ISF）开发出激光-双电弧复合焊接工艺及其复合焊接设备。与激光-MIG电弧复合焊相比，激光-双电弧复合焊的焊接速度提高33%，单位长度的能量输入减少25%。

大连理工大学的刘黎明等开展激光诱导电弧耦合热源焊接工艺研究并搭建了相关装置，如图4-4所示。通过对激光脉冲作用期间和之后的等离子体行为及激光"匙孔"行为的研究，提出了激光诱导电弧耦合热源的放电机制，实现了镁合金的激光诱导电弧耦合热源高效、优质焊接，显著提高了镁合金焊接效率，降低了焊接能耗。

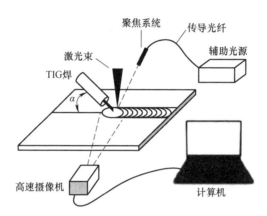

图 4-4　激光诱导电弧耦合热源焊接装置示意图

激光-电弧复合焊在船舶制造业中的应用如图 4-5 所示。同时在飞机制造业该技术也得到了应用，解决了大气环境下框型钛合金结构件单面焊双面精确成

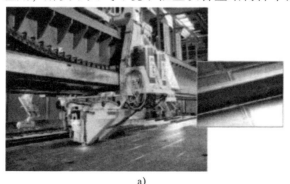

a)

图 4-5　激光-电弧复合焊在船舶制造业中的应用

a）德国 Meyer 造船厂

b)

c)

图 4-5 激光-电弧复合焊在船舶制造业中的应用（续）

b）德国 Kvaerner Warnow Werft 造船厂　c）中国山海关造船重工有限责任公司

形的难题，并开发出了飞机钛合金关键零部件激光诱导电弧复合焊接成套装备（图 4-6），在飞机制造企业实现了推广应用。

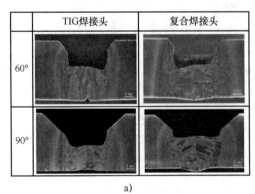

	TIG焊接头	复合焊接头
60°		
90°		

a)

图 4-6 激光诱导电弧复合焊接装备在飞机制造业中的应用

a）钛合金焊接接头成形对比

b)

图 4-6 激光诱导电弧复合焊接装备在飞机制造业中的应用（续）

b）钛合金激光-电弧复合焊接装备

4.2.2 搅拌摩擦焊技术

搅拌摩擦焊技术是一种新型的固相连接技术，是英国焊接研究所于 1991 年发明的，并于次年在英国申请了发明专利。如图 4-7 所示，将旋转的搅拌针插入到工件中，在搅拌针和工件及轴肩和工件之间产生的摩擦热的共同作用下，待焊工件金属发生软化，但没有达到熔点，从而形成固相连接。搅拌摩擦焊在宇航、汽车、船舶和高速列车等制造工业取得了显著的经济效益和社会效益，并已成功应用于各类金属材料的焊接。搅拌摩擦焊主要包括常规搅拌摩擦焊、电流辅助搅拌摩擦焊、机器人搅拌摩擦焊及搅拌摩擦点焊等。

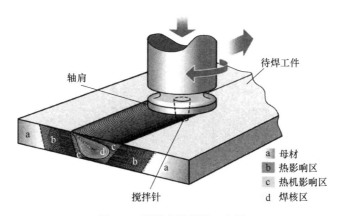

图 4-7 搅拌摩擦焊接示意图

▶ 1. 常规搅拌摩擦焊

常规搅拌摩擦焊使用的搅拌摩擦焊机主要有悬臂式、C 型和龙门式等类型。常规一维/二维搅拌摩擦焊装备正在逐步取代采用传统 TIG/MIG 焊方法的装备，但受限于自身的结构形状，只能满足形状单一、结构简单的直线或圆弧焊接需求。为实现复杂构件曲面焊接成形，国内外企业、高校等单位开展自动化、数字化三维搅拌摩擦焊技术与装备研究及推广应用，如我国北京碳恒科技有限公司开发的系列搅拌摩擦焊设备，可满足三维复杂空间曲面的焊接需求，如图 4-8 所示。

图 4-8　北京碳恒科技有限公司开发的台式搅拌摩擦焊设备

▶ 2. 电流辅助搅拌摩擦焊

电流辅助搅拌摩擦焊（Electrically Assisted Friction Stir Welding）是一种电流提供内生电阻热与摩擦热源结合的复合热源搅拌摩擦焊技术。一般来说，电流辅助搅拌摩擦焊设备主要由主机、控制系统、载流系统、焊接工装及其他辅助设备（冷却系统、气体保护系统等）组成。在传统搅拌摩擦焊的基础上，将电流引入焊接工件中，利用搅拌头与工件摩擦产生的摩擦热和电流流过工件产生的电阻热将搅拌针周围材料快速软化，从而在轴肩的锻压作用下实现良好焊缝成形。

电流辅助搅拌摩擦焊可以通过改变电流的大小实现对电阻热的控制，也可以通过控制电流回路实现对产热位置的控制。与传统搅拌摩擦焊工艺相比，电流辅助搅拌摩擦焊的主要优势是：减小轴向压力，提升焊接过程中的稳定性；

提升材料软化程度，从而延长搅拌头的使用寿命；增加额外热输入，提高焊接效率；为钢、钛合金等硬质金属的搅拌摩擦焊提供辅助热源，扩展工艺参数；若引入高频脉冲电流，则可以利用电致塑性来提升接头延伸率。然而电流辅助搅拌摩擦焊也存在很多不足之处，如引入电流后系统较为复杂，需要考虑设计绝缘系统，以及在大电流焊接时存在安全问题等。电流辅助搅拌摩擦焊技术目前还处于探索阶段，对于电流辅助搅拌摩擦焊设备和电致塑性相关理论等都有待进一步研究。

3. 机器人搅拌摩擦焊

为实现高质量的搅拌摩擦焊，必须研发有柔性的焊接机械系统，以更好地适应复杂焊接过程，满足航空航天等领域大型薄壁曲面的三维复杂曲面的焊接成形。机器人搅拌摩擦焊（Robot Friction Stir Welding，RFSW）是用机器人作为载体的搅拌摩擦焊技术，提高了搅拌摩擦焊的作业柔性和焊接效率，适用于复杂结构的生产。

德国 IG 公司研发出机器人搅拌摩擦焊系统；日本川崎重工和日本 FANUC 发布了自动化搅拌摩擦焊装备系统，并实现车门结构组件的大批量生产；美国 FSL 公司和瑞典伊萨公司把搅拌摩擦焊系统成功地应用在 ABB 机器人上，实现了空间复杂曲面的焊接。与焊接专机相比，基于工业机器人技术的搅拌摩擦焊设备具有更好的柔性，可大幅提高大型复杂曲面结构的可制造性。我国昆山万洲特种焊接有限公司将搅拌摩擦焊搭配高柔性的工业机器人，实现了复杂轨迹的焊缝焊接，并应用于三维复杂结构件的焊接，如图 4-9 所示。

图 4-9　昆山万洲特种焊接有限公司发布的全新 H 系搅拌摩擦焊机器人工作站

▶▶ 4. 搅拌摩擦点焊及复合焊

回填式搅拌摩擦点焊是德国 GKSS 研究中心于 1999 年发明的，它解决了传统 FSSW 接头表面存在的匙孔问题，大幅提高了接头的强度和耐腐蚀性能。德国、美国、日本及加拿大等发达工业国家率先开展了回填式搅拌摩擦点焊技术研究与推广应用，主要应用到铝合金等轻质材料的连接上。南京理工大学的夏浩等人开发了搅拌摩擦复合焊技术，搭建了复合热源搅拌摩擦焊装置，如图 4-10 所示。采用氮化硅陶瓷搅拌头外加 TIG 电弧和背部加热垫板复合的方式对厚 2mm 的 616 装甲钢进行试验，结果表明，与传统的搅拌摩擦焊的焊缝相比，复合热源焊接的焊缝质量得到明显提高。

图 4-10　复合热源搅拌摩擦焊装置

▶▶ 5. 搅拌摩擦焊的典型应用

（1）搅拌摩擦焊在航天结构件焊接中的应用研究　箱底是运载火箭贮箱结构的关键组成部分，传统方法是采用钨极氩弧焊工艺焊接，铝合金熔化焊工艺难以避免气孔、夹杂等缺陷的产生。上海航天精密机械研究所刘立安等针对某现役运载火箭贮箱箱底焊接结构特点，开展回抽式搅拌摩擦焊工艺研究，并实现贮箱箱底的搅拌摩擦焊生产。贮箱箱底主要由圆环、顶盖、型材框组成，如图 4-11 所示。

搅拌摩擦焊匙孔的存在不仅影响焊缝表面的美观性，也会在一定程度上降低焊缝的力学性能。为实现无搅拌摩擦焊匙孔的焊缝，上海航天精密机械研究所刘立安等研究设计了回抽式搅拌工具进行焊接。如图 4-12 和图 4-13 所示，回抽式搅拌工具轴肩与刀柄采用一体化设计，搅拌针贯穿轴肩并安装在回抽轴上，回抽轴带动搅拌针进行轴向运动，可实现回抽功能。

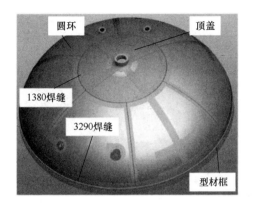

图 4-11　箱底结构示意图

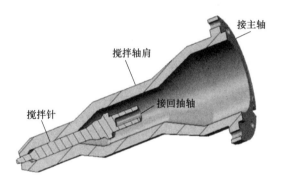

图 4-12　回抽式搅拌工具

图 4-13　回抽式搅拌摩擦焊试验装备

（2）搅拌摩擦焊在轨道交通车体焊接中的应用 搅拌摩擦焊可应用在高速铁路列车等诸多轻合金（主要是铝、镁、铜、锌及其合金）结构的制造上，目前搅拌摩擦焊已在高速铁路列车地板、枕梁、侧墙焊接中推广应用，如图 4-14 所示。

a)

b)

c)

图 4-14 搅拌摩擦焊在高速铁路列车上的应用

a）产品焊接示意 b）地板焊接示意 c）枕梁焊接示意

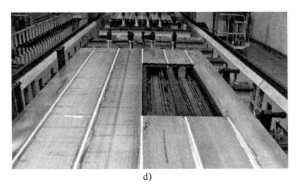

d)

图 4-14　搅拌摩擦焊在高速铁路列车上的应用（续）

d）侧墙焊接示意

4.2.3　绿色钎焊技术

绿色钎焊技术的主要特点是高效率、节能、节材、低排放。我国郑州机械研究所有限公司、哈尔滨工业大学等单位还针对异质材料连接存在的难题，开发了驻波约束感应钎焊、超声波辅助真空钎焊、交变磁场火焰钎焊、表面毛化扩散焊、脉冲辅助扩散焊、超声辅助扩散焊等热-力-磁多场耦合焊接技术，分析高/低温-大应变作用下应力应变场-热场-塑性流变场的耦合机理与定量演变规律，研究外加能场对接触界面状态、焊接区域的材料本构、塑性流变行为、组织演变和界面化合物层等的影响机制和作用规律，并成功在金刚石工具、硬质合金工具以及重大工程典型异质材料连接领域应用。

感应钎焊是利用电磁感应原理，即利用涡流的热效应加热工件的方法使钎料熔化，用液态钎料填充接头间隙，切断感应电流后钎料凝固，使被焊件连接在一起的钎焊方法。感应钎焊和其他钎焊方法相比，其主要特点是涡流产生的热量极快地在焊接接头区域产生，由于采用局部感应涡流加热的方式，工件升温快，加热时间短，有效避免了焊接过程中造成的工件氧化，并减少了焊接连接过程的热变形，减少了部分焊接后处理环节的成本。目前感应钎焊在石材加工工具、硬质合金刀具、采掘工具、汽车、电力等行业正日益受到重视。

（1）感应钎焊的原理　感应钎焊时，工件的待钎焊部分被置于交变磁场中，工件的加热是通过它在交变磁场中产生感应电流的电阻热来实现的。

感应线圈是感应钎焊设备的重要器件。通常在保证加热迅速、均匀及高效的原则下设计感应线圈。感应线圈与焊件之间应保持一定间隙，以免短路。但为了提高加热效率，应尽量减小感应线圈匝间及与焊件的间隙。感应钎焊时往往需要一些辅助工具来夹持和定位焊件，在设计夹具时应注意的是，与感应线圈邻近的夹具不应被感应加热。

在感应钎焊过程中，钎焊材料和钎剂在母材和涡流电流的共同作用下熔化后形成焊缝，可通过调节感应线圈结构和电流对钎焊区域实施精准的温度控制。

（2）感应钎焊的典型应用　马力等人对 AZ31B 镁合金钎焊进行了系统性研究，研究采用了高频感应钎焊方法，通过优化钎焊材料和钎焊工艺来提高焊接强度，钎焊对接接头的抗拉强度达 77MPa，搭接接头的抗剪切强度可达 56MPa。中国东方电气集团有限公司田文等根据电机端子环的结构特点，研发了中频感应钎焊，解决了焊接变形控制的难题。在大型发电机制造中，许多重要零部件的钎焊是通过感应加热实现的，包括核电主泵电机转子端环的钎焊、汽轮发电机转子线圈下线装配钎焊、定子线棒下线时的组焊、抽水蓄能机组电子线棒端头的封焊与组焊等。郑州机械研究所有限公司开发了导磁体驱流/脉冲加热钎焊技术，提高钎焊效率 20%，节约用电 30%。

（3）真空钎焊技术　真空钎焊技术是在真空下实现器件钎焊连接的技术，它采用电阻热作为热源进行加热，其焊接质量主要依托真空钎焊设备和控制系统。真空钎焊炉加热均匀，焊件变形小，钎焊过程可不使用钎剂，焊后工件洁净，可以免清洗，并且钎焊的产品质量较高，可以轻松实现其他钎焊方法难以实施的金属和合金的焊接，因此它在航空航天、汽车、制冷及电子等领域获得了广泛的应用，是典型的绿色钎焊技术。

目前，国产的真空钎焊装备整个工艺过程控制都采用可编程序控制器（PLC）完成，全部动作均有联锁保护，具有手动和自动两种操作方式。此外，还都设有完善的报警及保护装置。高温真空钎焊炉的规格品种繁多，结构型式也不相同。图 4-15 所示为典型卧式单室高温真空钎焊炉。

为了提高高温真空钎焊炉的生产率，国内外都开展了三室或更多室的半连续式高温真空钎焊炉研制。图 4-16 所示为三室半连续式高温真空钎焊炉。

该钎焊炉有效均温区尺寸为 950mm×500mm×500mm，最高温度为 1300℃，温度均匀性为±5℃，炉体为钢质圆筒夹层结构，圆筒的两端分别为准备室（装料、抽空室）和冷却室（卸料），中间为钎焊加热室。该钎焊炉采用石墨毡作为隔热层，加热元件使用石墨带。冷却室顶部装有风扇，风扇下端为铝翅片钢管组成的热交换器，同时设有充填惰性气体的阀门。三室之间用闸板阀隔开并密封，机械泵与罗茨泵二级抽真空。炉内压力数值和动态过程由控制柜面板上的模拟板显示。焊件在三室的传递靠电动机密封驱动传递机构，入炉后全部自动程序由 PLC 控制，钎焊温度及保温时间由欧陆 818 温控仪控制。此炉在运行过程中，加热室始终保持在比较高的温度，无须反复升降温，节省了能源，特别适合不必预热和成批零件的钎焊，大幅提高了钎焊效率，如每钎焊一炉高温合金焊件，只需要 40min 左右。这种三室半连续式高温真空钎焊炉结构复杂、造价高，此外充填的惰性气体的露点应低于40℃。

图 4-15　典型卧式单室高温真空钎焊炉

图 4-16　三室半连续式高温真空钎焊炉

目前我国已有数十家企业能够制造高温真空钎焊炉，其中以卧式炉型居多，并已形成系列化产品，同时向半自动化、自动化方向推进，还有不少产品已经远销海外。高温真空钎焊炉已广泛用于航空航天、电子器件、核电、机械家电、汽车、五金等多个行业。

（4）连续式气体保护钎焊　连续式气体保护钎焊是一种高效、优质、低成本的钎焊技术，适用于复杂结构零部件的批量连续式焊接。连续式气体保护钎焊炉已广泛应用于汽车、家用电器、五金等多个行业。其焊接质量同样依托于焊接设备，目前常用的连续式气体保护钎焊炉分为网带式、推杆式和辊底式三种，我国生产和应用最广泛的是网带式连续气体保护钎焊炉。在生产制造过程中，具体选择哪种类型的钎焊炉和保护气体应根据被焊工件的材料种类和尺寸大小来决定，常用的保护气体包括分解氨气、氮气或氢气。

网带式连续气体保护钎焊炉能高效率地连续作业，并且可以精确地控制焊件在加热室和冷却室中的时间。它通常分为水平网带式连续气体保护钎焊炉和桥形网带式连续气体保护钎焊炉两种，分别如图 4-17 和图 4-18 所示。

图 4-17　水平网带式连续气体保护钎焊炉

图 4-18　桥形网带式连续气体保护钎焊炉

对于铁基、铜基焊材（包括碳钢、合金钢、铸铁、铜及铜合金等），因其铬、锰等元素的含量很低，对保护气氛的露点要求也相对较低，一般都选用水平网带式连续气体保护钎焊炉。水平网带式连续气体保护钎焊炉可根据工艺要求设定预热、升温、钎焊和冷却等几个温区。加热室温度可控，控温精度可达$\pm(2\sim3)$℃。对于碳钢焊材，所用保护气氛的露点应控制在-7℃以下，保护气氛为中性高纯氮气和高纯氢还原气氛的组合。对于不锈钢焊材，由于其含有大量的合金元素铬，铬极易氧化，其氧化物又极难还原。在纯氢保护条件下，温度为1000℃时氢气的露点为-50℃，此时铬的氧化物才处于氧化与还原的平衡状态。为了保证钎焊时炉内气氛的高纯度，钎焊不锈钢的连续气体保护钎焊炉均采用桥形结构。

桥形网带式连续气体保护钎焊炉是利用氢气的密度远低于氧气和氮气的原理，在炉管内上方一直保持氢气气氛，通过高纯氢气的不断输入，迫使炉内气体外排，并阻止外界空气侵入，从而保证了持续的高纯度，也保证了不锈钢焊件的钎焊质量。桥形网带式连续气体保护钎焊炉通常采用分解氨气作为保护气体，气体的纯度要求其露点在-60℃以下。桥形网带式连续气体保护钎焊炉的网带传动、速度控制、冷却方式、加热元件、温度控制、保护气氛的导入以及冷却方式等均与水平网带式的基本相同。图4-19所示为采用网带式连续气体保护钎焊炉钎焊的部分产品。

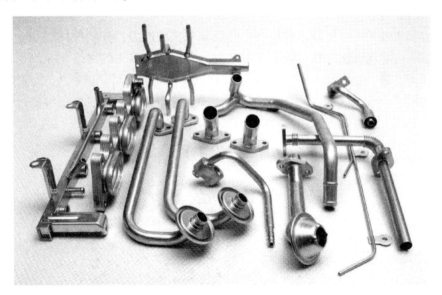

图4-19 采用网带式连续气体保护钎焊炉钎焊的部分产品

4.3 数字化焊接技术与装备

在传统的焊接生产过程中，焊工作为生产主体，焊接前，焊工需要根据焊接材料调整焊机参数；焊接过程中，焊工需要同时控制焊枪的工作角度、行走角度、焊条送给速度、焊接速度，以及控制整个焊接过程；焊接操作完成后，焊工需要借助性能检测或无损检测工具检测焊接质量。随着数字化技术的广泛应用，焊接生产过程也逐渐与数字化技术相融合，提高了焊接生产的效率和精度，降低了生产成本。通过将数字化焊机与智能控制技术融合，形成基于数字化焊接电源的焊接机器人系统，该系统具备绿色化和智能化特征，成为焊接机器人发展方向。

当前，德国、英国、美国、日本等工业发达国家掌握着高端焊接技术与设备，主要焊接装备包括自动化焊机、数字化焊机及焊接机器人等。焊接过程数字化、焊接工艺自动化、焊接装备数字化，均不断提升了焊接质量和焊接效率，提高了产品质量与可靠性。焊接技术与焊接装备不断向数字化、网络化、智能化、绿色化发展，主要包括数字化焊接模拟仿真技术、焊接工艺过程的数字化孪生技术、数字化焊接工艺专家系统、焊接工艺的智能优化与绿色化、在线焊接测量与评定技术及系统、多装备数字化焊接智能群控系统以及数字化焊接电源与焊接装备等。

焊接机器人可以携带多种设备，并且具备多种能力，在软件伺服和全数字控制下，可实现智能操作。随着群控系统的发展，机器人的网络化控制系统已有了巨大发展，德国 KUKA、日本 YASKAWA（图4-20）等厂商所生产的控制器已经实现了网络连接。目前我国高校、科研院所和企业已经研发出智能焊接机

图 4-20 日本 YASKAWA 公司生产的机器人

图 4-20　日本 **YASKAWA** 公司生产的机器人（续）

器人生产系统，并实现工程化应用，推动焊接工艺与装备的数字化、智能化与绿色化发展。

4.4　绿色焊接的发展趋势

由于工业化与信息化深度融合，新材料、新结构持续发展，特殊的工作环境以及提高产品质量和可靠性、降低生产成本、缩短研发周期、减少能源消耗等方面的需要，都对焊接产业提出了更高的要求。未来焊接产业发展趋势如下：

（1）绿色环保新型焊接材料的研发及应用　面对绿色发展要求，各类新型焊接材料不断被研发出来并投入使用。埋弧焊丝、氩弧焊丝、涂药焊丝、CO_2实芯焊丝、CO_2药芯焊丝和自保护药芯焊丝是常用的焊接材料（焊接过程中烟尘量由小到大排列）。焊接过程实芯焊丝焊接烟雾小，污染轻。实芯焊丝焊接飞溅大、成形较差等工艺问题将得以解决，环保型实芯焊丝在未来有更大的发展空间。随着新结构材料的不断应用与结构材料性能的不断提升，纯净化高性能焊接材料、轻量化焊接材料、绿色焊接材料（钎焊材料）等的研究与应用也在不断深化发展。

（2）节能环保焊接新工艺的研发与推广应用　绿色化焊接工艺将成为焊接行业竞争的主要指标之一。从焊接工艺方法看，对惰性气体保护焊的研究与应用仍然活跃，主要是由于其焊接质量容易保证，焊接灵活，对被焊材料的适应性较强；激光焊及激光复合焊技术以其高效优质的焊接特点越来越受到人们的重视，并得到广泛应用，尤其在航空航天、汽车制造、轨道交通等领域获得推广。为了满足未来材料与新型结构的焊接需求，一些新型焊接技术正在完善，如磁脉冲焊、超声波钎焊是解决如钢-铝、铜-铝、铝-钛、金属与陶瓷等异质材料连接的有效方法之一。

（3）焊接装备智能化水平的不断提升　数字化焊接装备融合视觉、传感、检测等技术，不断提升自动化、智能化、网络化制造水平，特别是机器人焊接装备将进一步研发与推广应用，以更好满足大批量生产和多品种、小批量个性化柔性化制造需求。焊接设备集成焊接工艺专家系统，可实现智能化的焊接工艺控制。高效激光精密焊接切割机、数字化焊接电源、绿色环保焊接材料、精细等离子焊接系统等新型先进焊接装备已研发并推广应用。焊接设备和在线检测设备配合使用，可实现自适应焊接，并提高焊接作业的质量。数字化焊接电源也是焊接设备的研究热点和发展方向。随着制造业向数字化、智能化迈进，近年来数字化焊接电源蓬勃发展并取得了良好的应用效果。利用工业互联网、5G、大数据等技术，焊接设备大规模组网实现并行焊接，对焊接过程进行远程在线监控，获取大量现场数据并实现对历史数据的分析，是绿色焊接技术的未来发展方向。

（4）升级和推广焊接绿色生产标准　在焊接生产中贯彻落实高效、清洁、节能、节材的绿色制造理念、政策、新方法和新技术；研发具备节能、节材、高效、低排放特征的绿色焊接设备；加强对相关基础共性技术研究的支持力度，提升绿色焊材质量，开发高端产品，降低成本；通过环保立法手段限期禁用含有毒有害元素的焊接材料，并严格执行。同时，通过制定一套完整、系统的质量评价与绿色评价方法，开展科学、准确的评价，提升焊接领域的绿色化水平。

参 考 文 献

[1] 龙伟民，孙华为，钟素娟，等．绿色钎焊的技术途径 [C]．北京：绿色·智能焊接——IFWT2016 焊接国际论坛，2016.

[2] 龙伟民，孙华为，鲍丽，等．钎焊材料全寿命周期中的节能减排技术 [J]．焊接技术，2015，44（9）：12-16.

[3] 董博文，龙伟民，钟素娟，等．药芯钎料的研究进展 [J]．机械工程材料，2019，43（10）：1-5；65.

[4] 李冬晓．铝合金静止轴肩搅拌摩擦焊技术研究 [D]．天津：天津大学，2015.

[5] 吴功柱．搅拌摩擦焊实验平台研制与应用 [D]．上海：东华大学，2012.

[6] 罗志敏．低功率激光+电弧复合热源焊接特性研究 [D]．大连：大连理工大学，2011.

[7] 关晓平，田新昊．摩擦焊接基本原理及应用前景 [J]．机械制造，2015，53（1）：

77-79.

[8] 史耀武，唐伟.搅拌摩擦焊的原理与应用 [J].电焊机，2000，30（1）：6-9.

[9] 万昕.铝/镁异种金属搅拌摩擦焊搭接温度场的研究 [D].大连：大连交通大学，2012.

[10] 王博，龙伟民，钟素娟，等.钎料钎剂复合型绿色钎料研究进展 [J].电焊机，2021，
51（2）：1-9；109.

[11] 黄俊兰，龙伟民，董显.铜磷锡药皮钎料的润湿性能研究 [J].热加工工艺，2021，50
（3）：141-144.

[12] 龙伟民，高雅，何鹏，等.钎焊技术在金刚石工具中的应用 [J].焊接，2017（4）：
10-16.

[13] 龙伟民，路全彬，何鹏，等.钎焊过程原位合成Al-Si-Cu合金及接头性能 [J].材料工
程，2016，44（6）：17-23.

[14] 夏浩，黄俊，周琦，等.616装甲钢复合热源搅拌摩擦焊工艺 [J].焊接学报，2017，
38（11）：124-128；134.

[15] 刘立安，赵舵，陆伟，等.运载火箭贮箱箱底搅拌摩擦焊工艺研究 [J].上海航天
（中英文），2020，37（S2）：249-252；258.

[16] 李呈祥，王波."中国制造2025"之先进的轨道交通装备制造 [J].金属加工（热加
工），2016（2）：28-31.

[17] 乔亚霞，彭杏娜，张鹏飞，等.国内搅拌摩擦焊技术在输变电领域的应用现状及发展
前景 [J].焊接，2019（4）：34-38；66-67.

[18] 龙伟民，王海滨，乔培新，等.感应钎焊温度控制的研究 [C].天津：第十届全国焊
接会议，2001：235-238.

[19] 何鹏，贾进国，余泽兴，等.高频感应钎焊的研究分析 [J].机电工程技术，2003（1）：
23-25.

[20] 龙伟民，孙华为，秦建，等.钎焊技术在高速列车制造中的应用 [J].电焊机，2018，
48（3）：25-31.

[21] 马力.镁合金钎焊接头组织与力学性能研究 [D].北京：北京工业大学，2010.

[22] 田文，付鲁宾，冯涛.核电站主泵电机转子端环整体钎焊工艺研究 [C].福州：中国
电工技术学会大电机专业委员会2014年学术年会，2014.

[23] 姜宏雨.大型透平发电机焊接式转子结构工艺方法 [J].防爆电机，2018，53（1）：
37-39.

[24] 李南坤.感应钎焊电源技术在风力发电机制造中的应用 [C].上海：上海市电机工程
学会、上海市电工技术学会第十一届学术年会，2011.

[25] 王克鸿，黄勇，孙勇，等.数字化焊接技术研究现状与趋势 [J].机械制造与自动化，
2015，44（5）：1-6.

[26] 吴叶军，魏艳红.承压设备焊接工艺专家系统的设计与开发 [J].焊接，2019（1）：
50-54；67-68.

[27] 梁艳. 数字化焊接技术研究现状和发展趋势 [J]. 化工管理, 2019, 20: 129.

[28] 金颐勋. 数字化焊接技术发展的发展趋势分析 [J]. 中国设备工程, 2019 (22): 130-131.

[29] 张恒铭. 自保护药芯焊丝电弧增材修复工艺机理及成型控制 [D]. 兰州: 兰州理工大学, 2021.

[30] 倪家强, 苏杭, 梁珊, 等. 钢材焊接缺陷诊断专家系统的设计与实现 [J]. 电焊机, 2012, 42 (1): 78-82.

[31] 薛龙, 梁亚军, 邹勇, 等. 全位置管道焊接机器人专家系统的研究 [J]. 电焊机, 2008 (8): 45-47; 54.

[32] 刘飞. 机器人焊接精确轨迹规划的研究 [D]. 江苏: 苏州大学, 2020.

[33] 李双. 基于 SolidWorks 的焊接机器人离线编程关键技术研究 [D]. 兰州: 兰州理工大学, 2021.

[34] 冯胜强. 基于 UG 的弧焊机器人离线编程与统计方法的焊接质量判定 [D]. 天津: 天津大学, 2010.

[35] 孙咸. 浅谈环保型焊接材料的研发动态 [J]. 机械工人 (热加工), 2006 (8): 8-9.

[36] 中国机械工程学会. 中国焊接: 1994-2016 [M]. 北京: 机械工业出版社, 2017.

[37] 周元浩. 钎焊技术在大型发电机制造中的应用研究 [J]. 中国高新科技, 2021 (3): 157-158.

[38] 张山. 焊接设备应用不断拓展数字化技术有望成主流 [N]. 上海证券报, 2017-01-05.

[39] 黄瑞生. 低功率 YAG 激光+MAG 电弧复合焊接技术研究 [D]. 大连: 大连理工大学, 2010.

[40] 薛松柏, 王博, 张亮, 等. 中国近十年绿色焊接技术研究进展 [J]. 材料导报, 2019, 33 (17): 2813-2830.

[41] 郝新锋. 低功率 YAG 激光+TIG 复合热源焊接技术研究 [D]. 大连: 大连理工大学, 2010.

[42] 申志康. 铝合金回填式搅拌摩擦点焊显微组织及力学性能研究 [D]. 天津: 天津大学, 2014.

[43] 杨亚楠, 刘振邦, 仪家良. 搅拌摩擦焊技术应用现状与发展趋势 [J]. 工程技术研究, 2017, (2): 57-58.

[44] 黄华, 董仕节, 刘静. 先进的搅拌摩擦焊技术 [J]. 有色金属, 2006 (1): 60-63.

[45] 张华, 林三宝, 吴林, 等. 搅拌摩擦焊研究进展及前景展望 [J]. 焊接学报, 2003 (3): 91-97.

[46] 赵虎林, 苟藏红. 数字化技术在焊接工艺中的应用 [J]. 现代制造技术与装备, 2019 (1): 146-147.

[47] 齐万利, 焦琳, 宋永伦, 等. 《焊接材料质量评价方法》标准制定概述 [J]. 机械制造文摘 (焊接分册), 2020 (2): 45-48.

[48] 李连胜. 中国焊接材料行业发展概述及未来发展思考 [J]. 机械制造文摘 (焊接分册), 2019 (4): 1-8.

[49] 武亚鹏, 侯建伟. 国内自动化焊接设备在中厚板领域中的发展及应用 [J]. 金属加工 (热加工), 2012 (22): 15-18; 22.

[50] 王雨. 激光焊接汽车双联齿轮的工艺与数值模拟研究 [D]. 天津: 天津工业大学, 2008.

[51] 陆斌锋, 芦凤桂, 唐新华, 等. 激光焊接工艺的现状与进展 [J]. 焊接, 2008 (4): 53-57; 71.

[52] 王立冬. YAG 激光精细焊接参数的研究 [D]. 长春: 长春理工大学, 2009.

[53] 谭锦红, 赵运强, 王春桂, 等. 机器人搅拌摩擦焊应用发展现状 [J]. 金属加工 (热加工), 2020 (1): 8-12.

[54] 张民, 吴月, 王彩凤. 无镀铜焊丝在工程机械领域应用研究 [J]. 金属加工 (热加工), 2015 (12): 44-46.

[55] 张德芬, 杨阳, 王同举, 等. 6009 铝合金光纤激光-MIG 电弧复合焊和光纤激光焊工艺对比研究 [J]. 材料导报, 2015, 29 (12): 121-124; 134.

第 5 章

——

绿色切削加工工艺与装备

机械加工是装备制造业重要的基础制造工艺，数控加工机床是制造机器的机器、是制造装备的装备、是工业母机，是国家先进制造业水平和综合竞争力的重要标志之一。高档数控机床作为现代制造技术的核心，广泛应用于航空航天、轨道交通、汽车船舶、电子信息、电力装备、医疗器械、农业机械等领域。数控加工技术与装备正向数字化、网络化、智能化、绿色化发展，特别是在绿色切削加工领域已成为国内外研究、发展的热点之一。绿色切削加工制造是一种在不牺牲产品的质量、成本、可靠性、功能和能源利用率的前提下，充分利用资源，尽量减轻机械加工过程对环境产生有害影响的一种加工技术，其内涵是指在加工过程中实现优质、高效、低耗及清洁化，从而达到生态环保与绿色制造的目的。国内外在绿色切削加工理论、实践及应用多个方面做了大量的基础理论工艺及设备研究。本章主要阐述部分绿色切削加工工艺与装备的国内外研究新进展，系统地介绍在干切削加工、微量润滑切削加工、低温切削加工工艺与装备方面取得的研究成果及未来发展趋势。

5.1 绿色加工工艺与装备的新进展

绿色加工作为一种闭环生产系统，其采用清洁生产方式和废弃物循环利用的生产模式，对产品生命周期的全过程进行优化控制，合理配置资源，最大限度地减少污染，充分发挥制造系统的功能。绿色加工制造从源头控制能源资源消耗，减少环境污染，以更好地实现制造业可持续发展。

近年来，绿色加工工艺与装备发展引起了国际社会的广泛关注，包括美国、德国、英国、法国、日本等发达国家对其给予了高度的重视。例如：加州大学伯克利分校的绿色设计与制造联盟为预测钻削、铣削以及磨削加工过程产生的废弃物、能源消耗及加工时间，建立了机械加工工艺过程和车间制造系统设计、生产等相关模型，以此实现辅助绿色加工产品的环境设计决策；麻省理工学院绿色制造团队开展铣削加工、磨削加工的绿色资源环境属性评价研究，有针对性地建立加工设备工艺过程模型和物料流模型，以此评价制造过程、制造工艺的资源环境属性；佐治亚理工学院可持续设计与制造团队采用绿色加工方法评价产品设计、加工等阶段的资源消耗和环境影响；密歇根理工大学可持续发展研究所 SFI 团队也积极地开展绿色制造材料、绿色加工工艺和装备的研制，期望实现加工过程绿色环保，同时就加工过程对环境的影响开展机械加工的环境影响机制研究。美国 NSF/ARPA 工艺装备敏捷制造研究所 MTAMRI 团队开展的绿色加工过程研究，包括切削过程用切削液选择、切削过程刀具切削运动学、切削热产生和传递机制、切削刀具寿命、加工环境健康毒性评价以及加工后废弃物处理等，为设计出绿色加工工艺和研制低能耗、高价值的装备提供技术支撑。

在绿色加工工艺方面，高速、超高速干式切削技术是高速切削和干式切削技术的结合，与传统切削加工工艺相比，它采用更高的切削线速度来降低加工难加工材料过程中的切削区域温度，解决了干式切削缺少切削液进行冷却润滑的问题，并且可以有效改善加工表面质量。微量润滑技术是将被压缩处理的气体和极少量的润滑剂混合汽化后，形成微米级喷雾喷向切削区域，以减少刀具与工件的摩擦黏结，进而提高刀具寿命，改善加工表面质量。微量润滑切削是比较常见的绿色加工方式，目前，在发展传统的微量润滑切削技术的同时，一些新兴的微量润滑技术也得到了快速发展，新兴技术偏向于研制新的润滑剂或与其他技术相结合的方向发展。低温冷却切削是将低温冷却介质（液氮、液态CO_2）喷射到加工区域，在加工区域内形成低温或超低温环境，可以降低切削温度，并且在低温环境下，部分材料具有低温脆性，利用该材料特性可以改善切削加工性，提高加工效率和加工质量。低温切削加工是近年来的研究热点，该技术可以带走大量的切削热，有效降低切削温度，提高切削加工表面完整性，改善刀具磨损情况。高压冷却切削是指把切削液的压力升至特定压力后，通过切削液输送管道，利用喷嘴将切削液精准喷到切削区域，从而降低切削温度的一种新技术。为实现难加工材料的高效切削加工，通过合理的压力选择以及高压切削液的选用研究，高压冷却切削加工技术也是未来绿色加工制造的研究方向。

在绿色加工工艺与装备方面，德国政府提出"工业4.0"战略，并提出绿色机床的量化指标：机床零部件由可再生材料制造，报废后实现100%回收再利用；机床轻量化，重量和体积低于现有机床的50%，加工功耗减少至少30%，过程废弃物减少至少50%，实现加工环境绿色环保经济。德国弗劳恩霍夫机床与成型技术研究所和开姆尼茨工业大学机床与生产工艺研究所合作开展机械加工的高能效研究，通过优化机械加工生产工艺过程，实现能效节能30%，另外他们还合作开发出机械制造能量管理系统，优化能量供给过程，实现加工节能30%，同时他们指出，若将新能源引入到能量管理系统中，可实现机械加工过程的零排放，真正达到绿色加工的目标。德国柏林工业大学也积极开展机械加工能耗管理，通过监控制造过程的系统能耗、物耗，优化机械加工过程，实现加工过程的高能效、机电产品轻量化和高的物料利用率。

德国Lerstritz公司开发了LWN120、LWN160、LWN190、LWN300HP等多个型号的数控干式旋铣机床。其中LWN300HP型数控干式旋铣机床（图5-1）可用于滚珠丝杠、偏心螺杆、泵轴及塑化螺杆的加工，定位精度可达±0.002 mm，旋头转速为 250~1000 r/min，最大加工工件长度为 8000 mm、直径为 200 mm，螺距精度可达 ± 0.0005″/ft（1ft = 0.3048m），当切削性能稳定的材料时，螺纹滚道表面粗糙度 Ra 为 0.25μm，可达到精磨水平。

图 5-1　德国 Lerstritz 公司开发的 LWN300HP 型数控干式旋铣机床

在刀具方面，带高压切削液（HPC）的刀具（包括带贯通切削液的钻头或带定向射流的车削刀具）是目前研究的重点，如图 5-2 所示。不同于传统的切削，采用这种刀具能通过控制切削液流量，降低前刀面和切屑接触长度，进而影响切削热分布和转移、刀具磨损程度、切屑形成和折断，这对需要对切削热和切屑进行控制的加工材料来说尤为重要。采用这种刀具可获得更好的切削安全性、持续的加工过程、更少的切削停止时间、更好的零件表面质量、更快的加工时间，以便更充分地发挥机床性能。

图 5-2　带高压切削液（HPC）的刀具

日本机械工业联合会在制订的 2025 年高精密加工技术发展路线图中指出：开展从基础加工技术的绿色化、生态环保型加工技术研究，主要包括无环境影响的冷却剂、润滑剂、可定量评估各种因素对环境影响的技术、切屑完全回收技术、排除热沉积和切屑开发相关技术、生产超润滑涂层刀具、干式与近干式加工用工具、表面处理、加工装置、加工控制技术，综合考虑材料、模具、加工机械和加工条件的产品设计技术，建立加工过程及加工完成后的评价技术，结合出现异常时的再加工情况，实现能源资源和生产相结合，评价结果立即反映到设计过程中，从而提高生产率等。目前以减少能耗和碳排放量为主的绿色加工工艺及装备优化已成为新的研究热点，其涵盖工艺装备性能、刀具约束条件、工艺参数优化、加工能耗等领域。但随着可持续性加工制造的要求，综合考虑将资源消耗引起的碳排放量等作为优化目标的绿色高效加工工艺优化技术将成为新的研究方向。

我国在科学技术部、工业和信息化部等国家科研计划项目的支持下，开展了绿色加工工艺技术与装备研究。在机床轻量化设计方面，通过建立机床轻量化单元技术体系，采用机床零部件结构单元化设计方法，完成了轻量化机床的单元和整机性能试验，实现典型样机平均减重 8%～10%。在机械制造系统能效技术方面，重庆大学刘飞教授研究团队提出了数控机床加工过程能量消耗及效率的预测方法，建立了机床及制造系统的能效评价、能效监控和能效优化研究的数控机床加工过程能量效率在线获取方法，用于机械加工系统和工件的能效评价、工件能耗定额制定、工艺参数节能性优化，开发了车间设备能耗状态监控系统。

我国汇专科技集团股份有限公司开发的超声精密加工中心 UHB-400（图 5-3）采用高刚性龙门框架铸铁结构，通过融合了超声刀柄技术，使刀具寿命提高 10 倍。UHB-400 可用于硬脆材料（陶瓷、蓝宝石、玻璃）和金属小件的精密加工，可以通过 30% 的设备成本投入，实现 130% 以上的高效产出。

图 5-3 超声精密加工中心 UHB-400

综上所述，绿色加工工艺与装备聚焦国家"碳达峰、碳中和"战略目标及高端装备制造重点领域制造需求，开展绿色加工领域前瞻性、战略性、基础性、前沿性、应用性多学科交叉融合及实施重大工艺装备集成应用示范，实现绿色加工、高端装备、节能减排等全技术链创新、全价值链升级、全产业链融合。

5.2 干式切削加工工艺与装备

切削液是一种用在金属切削、磨削加工过程中，用来冷却和润滑刀具及工件的工业用液体，切削液由多种超强功能助剂经科学复合配合而成，同时具备良好的冷却性能、润滑性能、防锈性能、除油清洗功能、防腐功能、易稀释等优点，被广泛应用于切削过程。但是，在切削液使用过程中存在成本高、环境污染等问题。德国在调查汽车工业时发现，机械切削加工中购买切削液的费用占整体加工成本的 7%～17%，加工后切削液的处理费用约占整体加工成本的 15%~30%。另外，切削液在高速切削过程中，发生高温化学反应，产生有害气体和油雾，污染加工环境，严重影响操作者的身体健康。

为了解决以上问题，国际标准化组织于 1996 年制定了 ISO 14000 环境管理体系，并于 2012 年公布了 ISO 14955 机床环境评价标准，重点要求提高机床的能效水平，实现机床产品的节能降耗和金属切削加工机床的绿色发展。

5.2.1 干式切削加工技术原理

GB/T 28614—2012《绿色制造 干式切削 通用技术指南》中给出了干式切削（Dry Cutting）的定义。干式切削是指在切削加工过程中不使用任何切削液的工艺方法。它完全消除了切削液的负面影响，是一种符合生态要求的绿色切削加工方式。与传统湿式切削加工技术相比，干式切削加工技术从源头上消除了切削液（油）导致的环境影响和职业健康问题，降低了生产成本，被誉为先进的绿色切削加工技术。

西方工业发达国家都非常重视干式切削加工技术的开发和应用，现有 20% 左右的德国企业采用了干式切削加工技术。1995 年，德国联邦教育科学研究和技术部制定和启动了干式切削加工技术科研框架项目"生产 2000"，组织了包括机床厂、刀具厂和汽车厂在内的 18 家企业和 9 个高校研究所协同攻关。加拿大、英国等其他工业发达国家，也纷纷开展了有关干式切削加工技术方面的研究，通过各种途径积极鼓励和支持制造业的绿色发展。

我国也进行了大量干式切削加工技术的研究和探讨，并取得了一批科研成果。合肥工业大学通过承担国家科技攻关重大项目"纳米 TiN、AlN 改性的 TiC 基金属陶瓷刀具制造技术",研制了一种利用纳米材料制作的新型金属陶瓷刀具。这种纳米 TiN 改性 TiC 基金属陶瓷刀具,具有优良的力学性能,是一种高技术含量、高附加值的新型刀具。在干式切削加工的试验研究中,与硬质合金刀具相比,其寿命提高两倍以上,生产成本与其相当或略低。江苏科技大学从 1997 年开始进行干式切削加工技术研究,先后开展了 Gr12、铸铝、ZH62、钛合金以及 GH6149 等材料冷风冷却、亚干式冷却切削的试验研究,并取得了一定的成果。北京机床研究所有限公司成功开发了能实现高速干式切削加工的系列刀具,为干式切削加工技术的研发与应用打下了良好的技术基础。

需要指出的是,采用干式切削加工材料时,由于缺少了切削液的润滑、冷却,导致切削区产生的热量较难传递至工件、刀具、机床。高速干式切削滚齿机床及已加工工件的温度场如图 5-4 所示。目前干式切削加工技术存在刀具使用寿命较低,加工完的工件温度难以控制,导致工件产生热变形误差等问题及难点。

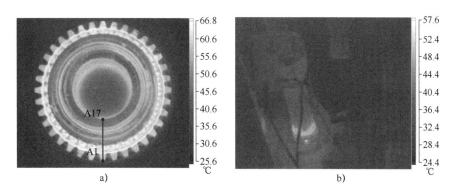

图 5-4　高速干式切削滚齿机床及已加工工件的温度场

a) 高速干式切削滚齿工件热像图　　b) 高速干式切削滚齿机床热像图

GB/T 28614—2012 中给出了干式切削对加工场所的一般要求:

1) 在干式切削过程中,如有可能造成人身伤害或设备损害时,应采取安全防护措施,防止切屑、工件、刀具飞出。

2) 干式切削工作场所总粉尘浓度应不大于 3mg/m³,粉尘浓度的测量应符合 GB/T 23573 的有关规定。

3) 采取热辅助或低温冷却干式切削时应采取保护措施,防止人体直接接触过热或过冷介质。

4) 干式切削机床在空运转条件下,机床的噪声声压级应不大于 85dB(A)。

加工材料的物理性能、干式切削刀具用材料的耐热性（热硬性）和耐磨性能、刀具表面涂层性能、刀具几何形状、加工方法与待加工工件性能的匹配均会影响干式切削加工成形精度。重庆大学曹华军教授提出，应根据机床的性能、材料的硬度、切削中的冲击力大小、工件表面粗糙度和生产率的要求，综合确定合理的干式切削加工工艺。通常硬态车削精加工的合理切削速度应为 80～200m/min，背吃刀量一般为 0.1～0.3mm，进给量为 0.05～0.25mm/r。例如用 FD22［Ti(CN)-Al$_2$O$_3$］陶瓷刀具干式切削 86CrMoV7 淬火轧辊钢（60HRC）时，切削速度 $v = 60$m/min，背吃刀量 $a_p = 0.8$mm，进给量 $f = 0.11～0.21$mm/r，表面粗糙度值 $Ra = 0.8\mu$m，可以代替半精磨；当取进给量 $f = 0.07$mm/r 时，表面粗糙度值 $Ra = 0.4\mu$m，达到精磨水平。

5.2.2 干式切削加工成形装备

2016 年，美国和意大利合资企业 Star-SU 公司生产的 SG 160 SKYGRIND 干式切削磨齿机床，实现了大批量、产业化的齿轮干式磨削，如图 5-5 所示。

图 5-5　SG 160 SKYGRIND 干式切削磨齿机床

重庆机床（集团）有限责任公司与重庆大学联合开展齿轮滚齿干式切削加工应用领域研究，提出高速干式切削滚齿技术点矢量族包络方法，开发了基于齿面纹理优化、误差补偿调控等技术，并研制了 YDZ3126CNC、YE3120CNC7 系列高能效、高功效、低排放的高速干式切削滚齿机床（图 5-6），该成果已在 30 多家制齿企业推广应用，为汽车变速箱、风电、工程机械的批量国产化提供了保障，明显促进了齿轮行业技术的进步。针对高速干式切削条件对机床结构提出的振动阻尼高、热稳定性佳、切屑快速下落等多方面的严格要求，设计开发了大立柱偏置、L 型结构的新一代高速干式切削滚齿机床机械结构。床身、立柱等大件采用双层壁、高筋板对称结构设计，大幅提高了机床的刚性，满足了高速、高效切削对机床的要求。由于干式切削过程刀具高速旋转产生大量的切削热，机床应设计成大倾斜面结构，减少切屑对加工机床的热积聚，进而最大程度地减少切削热导致的机床热变形，同时，床身和立柱总体安装结构采用全新的偏置式布局结构，在保证刚性的同时，有利于排屑和机床热平衡。此外还开展了高速干式切削滚刀材料和结构设计准则研究，形成了包括滚刀基体切削加工、材料热处理、高精度磨削等成套国产化高速干式切削滚刀制造工艺，实现了高端滚齿刀具的自主开发和国产化。研究了高速干式切削滚刀几何参数的设计和参数化建模，利用 Pro/Toolkit 对 Pro/E 进行了二次开发，将滚刀三维、二维的参数化设计、仿真设计作为插件的形式集成到 Pro/E 软件中。同时，建立了齿轮多刃断续滚切空间三维数字化成形模型和热变形误差模型，开发了高速干式切削滚齿工艺参数优化及自动编程系统，解决了在缺少切削液的润滑冷却条件下，高速干式切削刀具寿命短和工件质量差等问题。建立了高速干式滚切多刃断屑空间成形模型，并基于 Mathematica 数值计算软件开发了分析软件工具，可支持高速干式滚切加工机理、切屑成形过程、滚切载荷特性的量化研究。

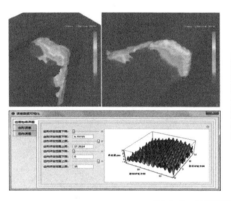

图 5-6　高速干式切削滚齿机床

干式切削加工机床在进行高速干式切削和硬态切削这两类特殊的干式切削时，为避免产生的热积聚影响工件加工精度，需要从机床的结构设计方面来考虑散热问题。例如，在相关部位采取隔热措施或采取精度的误差补偿设计，解决散热问题，提高机床系统的热稳定性。同时，干式切削加工机床应具有较好的吸尘、排屑装置，机床结构应有利于排屑，做好主轴、导轨等精密运动部件的密封。干式切削加工时，应尽量采用高速、超高速机床或其他高速数控机床、加工中心。研究发现，采用高热稳定性、高吸振性能的人造大理石，在加工过程中，可降低30%左右的切削力，使大量的切削热被切屑带走，有利于工件在切削时保持室温状态。

▶ 5.2.3　干式切削加工典型应用案例分析

丝杠绿色干式切削工艺是一种无需切削液的批量生产高品质丝杠的核心前沿技术，区别于普通切削方式，丝杠干式切削工艺高效、低耗且无污染，具有时变断续冲击硬态切削、工件多点支撑约束，以及复杂强热力耦合干式切削等特殊性。本节以丝杠绿色干式切削为例，开展干式切削加工技术优势分析。

近年来，我国一些企业实现了数控螺纹旋风铣床的部分国产化，为我国旋风铣削技术的发展打下了基础。陕西汉江机床有限公司推出了六米数控丝杠旋风硬铣削机床的样机，如图 5-7 所示。该铣床可加工 600kg 的工件，所加工的工件硬度为 62HRC，工件直径范围为 40~125mm，加工过程中，螺纹的最大螺距为 50mm，最小螺距为 5mm；该装备头架主轴最高转速为 50r/min，创新设计出双圆弧硬旋铣刀刀具，该刀具具有耐高温、耐磨损的特性，刀具加工线速度可达 3m/s，一次性加工长度高达 6m。另外，为实现加工丝杠工件的自动定位，该装备采用卡盘-顶尖及浮动支撑的先进定位装夹模式，减小了丝杠加工过程中的变形。

图 5-7　六米数控丝杠旋风硬铣削机床及旋铣刀具

对该装备进行技术分析，得到以下三点优势：

1）硬态螺纹旋风铣削属于干式切削，空气冷却，无需切削液，绿色环保。在高速切削时，90%以上的切削热被切屑带走，减小了切削过程中的热变形，工件可保持冷态，产品性能更好。

2）硬态高速旋风铣削过程中，为提高切削加工效率，可以采用增大切削速度和进给速度的方法，实现加工过程材料去除率增大，加工速率提升的功效。

3）硬态螺纹旋风铣削采用 PCBN 刀具进行高速切削，降低了切削力（最高可降低 30%）。相对于传统的粗车、精磨等加工方法，减少了多道工序，缩短了生产周期。同时避免了二次装夹而引入误差，提高了加工精度。

5.3 微量润滑切削加工工艺与装备

微量润滑（MQL）切削加工技术作为一种新型的绿色冷却润滑方式，在铝合金、钛合金、高温合金等多种金属材料和一些复合材料的切削加工中被广泛应用。微量润滑切削加工技术具有诸多优势：

1）所使用的润滑剂用量一般为每小时几十毫升，从数量级考虑，为传统浇注式冷却润滑方式的万分之一，大幅降低了切削液的使用成本。

2）使用的润滑剂具有绿色环保特性，以高速雾粒供给，增加了润滑剂的渗透性，提高了冷却润滑效果，既能提高工效，又可大幅降低对环境造成的污染。

3）可根据工况确定润滑剂的最佳用量，可利用雾粒回收装置收集悬浮颗粒，能消除润滑剂中悬浮粒子污染，改善操作人员的工作环境。

▶5.3.1 微量润滑切削加工技术原理

在 MQL 对切削力、切削热的作用机理方面，MQL 切削加工技术的优势主要在于其优异的润滑剂渗透特性。基于切削界面毛细管模型，其对切削力、切削热的作用机理主要包括切削界面毛细管的生成特性、不同润滑剂雾粒的渗透动力学特性、不同润滑剂雾粒的换热特性、MQL 对刀具-切屑接触长度的影响机理、MQL 切削力模型等。

MQL 对刀具磨损的抑制机理和对工件表面完整性的影响机理，主要包括 MQL 界面摩擦特性、刀具磨损机理、MQL 对不同刀具涂层的适用机理、不同润滑剂特性及化学成分对刀具磨损的抑制机理等。工件的表面完整性将直接影响零件的可靠性和使用寿命，需综合考虑 MQL 工艺参数、润滑介质等对已加工表面粗糙度、硬度、工件残余应力等影响机理。

在 MQL 界面成膜机理方面，需要综合不同润滑剂雾粒特性、渗透特性，毛细管的生成、存在特性与 MQL 界面摩擦特性，建立 MQL 有效油膜生成与保持模型，获得 MQL 成膜关键条件，如最佳润滑剂用量与润滑剂特性等。由于 MQL 使用的润滑剂用量极少，但又要满足冷却润滑效果，润滑剂应保证环保性、安全性。同时，润滑剂需要有优异的性能，要求润滑剂具有较低的黏度，易于形成雾粒，加工后不易黏附在工件上。润滑剂要有很好的渗透性和表面附着系数，在切屑和刀具之间形成的润滑膜有较高的韧性，不易破碎，可充分发挥润滑作用。润滑剂需要优良的极压和防锈性能。由于切削区域温度较高，要求润滑剂应具有较高的热稳定性，以及润滑剂在仓储过程中需要保持稳定的化学性能。

5.3.2 微量润滑切削加工装备

微量润滑技术分为外部微量润滑技术和内部微量润滑技术，分别对应气雾外部润滑和气雾内部润滑两种方式。

以铣削加工中心为例，外部微量润滑系统示意图如图 5-8 所示。为了控制切削区的温度，尤其是应用在难加工材料的切削加工中，需额外配置低温系统，放置在机床附近合适位置。从 MQL 系统和低温冷风设备产生的 MQL 雾粒和低温介质，由分流腔分为两路，经喷嘴喷射向切削区。

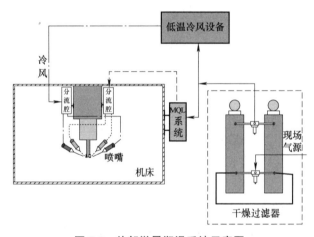

图 5-8　外部微量润滑系统示意图

微量润滑切削加工过程中，内部微量润滑技术也是一种常用的加工技术。内部微量润滑即气雾内部润滑，是指通过主轴和刀具内部的通道直接将冷却气雾送至切削区域，进行冷却和润滑。内部润滑系统供给的润滑剂可以直接到达加工区域，润滑充分，一般效果会好于外部润滑，尤其对深槽腔加工效果更为明显。具有内通道主轴机床的内部微量润滑系统示意图如图 5-9 所示，通过 MQL 系统产生的润滑剂雾粒直接传输到主轴内通道，经过具有内通道的刀柄，最终从刀具内通道出口喷射至切削区。

而对于大多数的传统机床，其自身不具有主轴内通道结构，在对其进行绿色化改造时，除了采用外部微量润滑方式外，还可选用外转内冷刀柄，从而实现内部微量润滑功能，如图 5-10 所示。

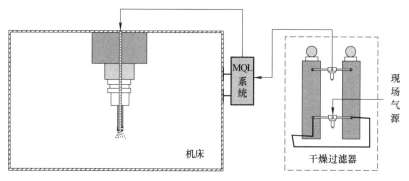

图 5-9 具有内通道主轴机床的内部微量润滑系统示意图

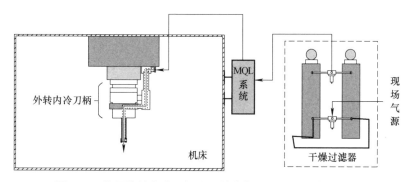

图 5-10 使用外转内冷刀柄实现的内部微量润滑系统示意图

对于内部微量润滑刀具，除了满足外部微量润滑刀具的要求外，还应在考虑刀体材料、结构与内通道传输介质之间的传热特性基础上，进行刀具内通道设计和刀具结构参数优化。另外，内部微量润滑刀具内通道设计应综合考虑润滑剂雾粒特性、内通道表面特性、刀具材料和转速等因素，以减少离心力对雾粒传输的影响，保证润滑剂雾粒的顺利传输。

北京航空航天大学在研究微量润滑雾化原理的基础上，研制了不同的微量润滑系统，主要有负压引液式微量润滑系统、精密润滑泵式微量润滑系统和分压内嵌式微量润滑系统三种。

（1）负压引液式微量润滑系统 负压引液式微量润滑系统是通过产生负压使润滑剂被吸入管道的吸液装置。吸液装置的主要结构为"收缩-扩张孔"。负压引液式微量润滑系统工作原理及装置如图 5-11 所示。由图可知，当工作时，压缩气体经入口流经截面小的"收缩-扩张孔"中，由于孔两侧空间截面不同，故在"收缩-扩张孔"两侧产生压差，从而导致腔室内的润滑剂被吸到吸液装置内，完成负压引液润滑过程。

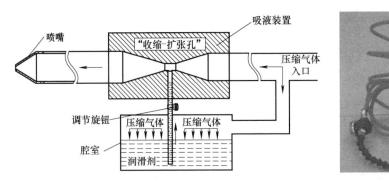

吸液装置

喷嘴

"收缩-扩张孔"

压缩气体
入口

调节旋钮

压缩气体　压缩气体

腔室

润滑剂

图 5-11　负压引液式微量润滑系统工作原理及装置

（2）精密润滑泵式微量润滑系统　为改善负压引液式系统润滑剂量难以精确控制的问题，可采用精密润滑泵来精确控制润滑剂的用量（0~70mL/h），以满足微量润滑的需要。精密润滑泵式微量润滑系统工作原理及装置如图 5-12 所示。

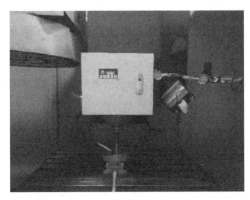

图 5-12　精密润滑泵式微量润滑系统工作原理及装置

（3）分压内嵌式微量润滑系统　分压内嵌式微量润滑系统是通过压力控制阀调节油压，实现供油量的第一次控制，再通过油管上设置的调节阀，实现对供油量的第二次控制，其工作原理及装置如图 5-13 所示。由图可知，压缩空气分为两路：一路经调压阀进入主腔体，使润滑剂在压差的作用下向上流入内层管的同时，在腔内与润滑剂混合，进行第一次雾化，所形成的气液两相流体通过内层管传输到达喷嘴处；另一路压缩空气进入内嵌腔，直接作为二次雾化的动力通过外层管到达喷嘴，在喷嘴与内层管传输的润滑剂流体实现二次雾化，作用于切削区。

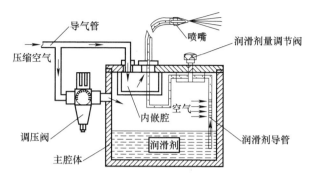

图 5-13　分压内嵌式微量润滑系统工作原理及装置

图中标注：导气管、喷嘴、润滑剂量调节阀、压缩空气、空气、内嵌腔、调压阀、润滑剂、主腔体、润滑剂导管

5.3.3　微量润滑切削加工典型应用案例分析

钛合金材料具有比强度高、抗拉裂、无磁、透声和耐蚀等良好的综合性能，广泛应用于飞行器制造、船舶、化工等行业。北京航空航天大学袁松梅教授团队开展了微量润滑技术在铣削钛合金上的应用试验。试验采用的材料为 TC4（Ti-6Al-4V）合金，是一种（α+β）两相钛合金。TC4 切削试验参数见表 5-1。

表 5-1　TC4 切削试验参数

名　　称	技 术 参 数
机床	XK7132 CNC 铣削加工中心
材料	TC4（Ti-6Al-4V）合金，120mm×100mm×30mm
刀具	STELLRAM，7792VXD09
刀片	STELLRAM，XDLT-D41
铣削速度	126m/min
铣削深度	0.25mm
铣削宽度	32mm
每齿进给量	0.25mm/r
MQL 参数	润滑剂使用量为 80mL/h；压缩气体流量为 88L/min
冷风参数	冷风温度为 -25℃；冷风流量为 280L/min
使用冷却类型	干式切削、传统浇注式切削、冷风切削、MQL 切削、低温微量润滑（MQL-CA）切削

钛的化学性质极为活泼，可以与氧、氮、氢、碳等元素相互作用，加工钛合金过程中，较易出现化学磨损，在刀具表面形成一层硬度较低的化合物。切

削加工过程中，切削区温度较高，进一步促进了与周围气体的化学作用，且随着切屑的高速分离，刀具磨损加快。图 5-14 所示为切削钛合金的刀具在不同条件下的磨损进程对比，由图可知，采用 MQL 切削加工技术，该刀具的寿命得到了一定程度的提高，这主要归因于润滑剂的充分润滑。然而，与冷风切削及 MQL-CA 切削相比，MQL 切削抑制刀具磨损的作用并不明显，这是因为在高温状态下润滑剂在切削区内的润滑作用得不到有效发挥。而在冷风切削状态下，虽然不能提供较高的润滑性能，但切削区降温作用明显，在一定程度上抑制了高温刀具与周围气体的反应，进而改善了刀具的化学磨损，这也反映出切削钛合金时，降低切削温度尤为重要。

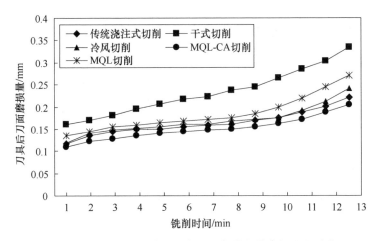

图 5-14　切削钛合金的刀具在不同条件下的磨损进程对比

图 5-15 所示为铣削 13min 后的刀具磨损的显微图像。由图可知，在干式切削、冷风切削及传统浇注式切削的过程中，刀尖处明显出现了金属黏结的现象。这一方面反映出切削钛合金时刀-屑接触区温度高，摩擦剧烈；另一方面，也反映出在这三种冷却方式下，润滑作用不佳。相反，在 MQL 切削及 MQL-CA 切削的过程中，刀尖处未出现黏结金属。

图 5-16 所示为不同的润滑方式下，铣削力值随时间变化的曲线。由图可知，随着切削过程的进行，刀具磨损逐渐加大，刀具前后刀面与工件的接触面积逐渐增加，铣削力值有所增加。对比不同的加工技术，干式切削的铣削力值最高，这是由于干式切削过程中摩擦剧烈，且刀尖处黏结现象严重；MQL-CA 切削对应的铣削力值最低，这是因为在 MQL-CA 切削过程中提供了充分的润滑冷却作用。

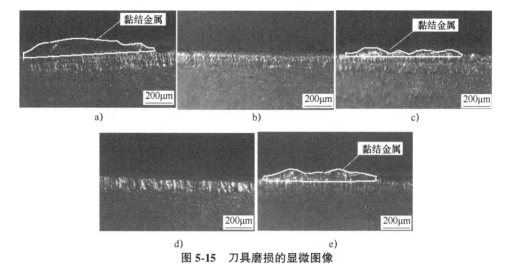

图 5-15　刀具磨损的显微图像

a）干式切削　b）MQL 切削　c）冷风切削　d）MQL-CA 切削　e）传统浇注式切削

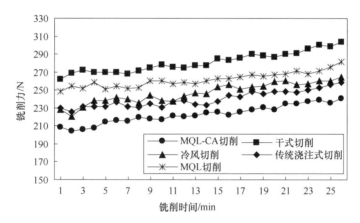

图 5-16　铣削力值随时间变化的曲线

　　2018 年 4 月，某企业建立的绿色切削加工车间，采用微量润滑系统代替切削液加工，不仅有效地改善了车间工作环境，提高了样件加工效率，而且延长了加工刀具的寿命。车间安装 HAAS 立式加工中心，加工材料为 20CrMo，采用安默琳 OoW129 微量润滑系统（共 40 台）、Mircolube 2000-30 微量润滑剂，并使用 40 台油雾收集器。绿色切削加工车间现场设备如图 5-17 所示。

　　在加工现场没有出现烟雾情况，机床及机床附近地面较为干净。从持续半个月的加工过程来看，未出现工件生锈、尺寸不稳定等异常情况；从统计数据来看，现场操作人员及技术员等也都给予积极正面的反馈，且有效提高了刀具寿命。

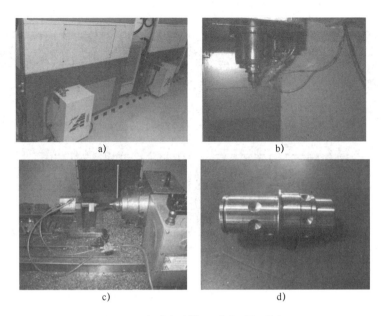

a) b) c) d)

图 5-17 绿色切削加工车间现场设备

a）主机安装状况 b）喷嘴和主轴状况 c）工作台状况 d）被加工工件

表 5-2 所列为使用不同加工方式的生产费用，由表可知，使用 MQL 冷却加工方式约占使用切削液费用的 64%。

表 5-2 使用不同加工方式的生产费用

使用普通加工方式切削液费用			使用 MQL 冷却加工方式的费用		
换液	机床油箱容量/L	170	油品费用	微量润滑剂用量/（mL/h）	6
	折光度（%）	8		单价/（元/L）	120
	原油用量/（L/次）	9		费用/（元/月）	475.2
	频率/（次/年）	2		—	—
	费用/（元/月）	30		—	—
日常添加	用量/（L/次）	30	压缩空气费用	压缩空气用量/（L/h）	4292
	折光度（%）	2		压缩空气成本/（元/m³）	0.1
	原油用量/（L/次）	0.8		压缩空气费用/（元/月）	202.7
	原油价格/（元/200L）	4000		加工时间/s	123
	费用/（元/月）	480		切削时间/s	88
泵电费	电费单价/（元/h）	0.83		—	—
	费用/（元/月）	547.8		—	—
每台机床费用/（元/月）		1057.8	每台机床费用（元/月）		677.9

注：使用切削液的泵电机功率按 1kW 来估算，电费单价也为估计数据。

5.4 低温切削加工工艺与装备

▶ 5.4.1 低温切削加工技术原理

低温切削是一种冷却润滑切削加工方法，在加工过程中，将切削介质经过低温制冷设备后达到一定的温度，然后以射流形式直接强烈冲刷切削区，达到间接冷却切削刀具的效果。低温切削使用低温流体作为冷却剂，较大程度地利用了切削介质的低温冷却和减磨润滑作用效果，可显著降低环境污染、延长刀具寿命及提升加工质量。随着环保要求的提高，低温切削加工技术作为一种新型绿色切削加工技术，受到越来越多行业的重视。根据低温介质与使用方法的不同，可将低温切削分为低温风冷切削、超低温切削以及低温复合冷却润滑切削等。

（1）低温风冷切削　20世纪90年代横川和彦等人提出低温风冷切削这一概念，并一度引起了国内外学术界和工业界的广泛关注。该技术是在加工过程中采用-100~-10℃的冷风冲刷加工区，从而降低切削刀具和工件温度的一种加工技术。该技术可显著降低切削加工区的温度，不仅能提高刀具耐磨性，延长刀具使用寿命，还能改善工件的表面质量，属于绿色环保的加工工艺。该技术历经近30年的发展，已广泛应用于高强度钢、钛合金、高温合金、复合材料等难加工材料零件的切削加工生产。

（2）超低温切削　超低温切削这一概念最早由 Uehara 等人于20世纪60年代末首次提出，它是利用被切削物质在超低温状态下的特殊性能来进行切削加工，是随着超低温技术的发展出现的一种高性能冷却润滑切削技术。然而，该技术因基础理论支撑匮乏、技术条件保障不足以及应用需求不强等诸多条件限制，发展缓慢。近十年来，随着航空航天等国家重点发展领域大量应用的难加工材料零件在切削加工中存在的加工质量稳定性差、加工效率低、刀具耗费高、排污量大等技术难题的突显，使得超低温切削技术成为当前国内外研究热点。

超低温切削时，超低温射流（如液氮等）在切削区形成局部超低温状态，使材料产生低温脆性，呈韧性降低、塑性减小的状态，刀具在低温下工作，不仅能减轻刀具的磨损，还能改善工件的加工精度。对于一些难加工材料，如钛合金、镍基高温合金，以及一些塑韧性特别强的复合材料，采用超低温切削可获得良好的加工效果。

（3）低温复合冷却润滑切削　低温复合冷却润滑切削是将低温冷却介质与

一种或多种减磨润滑介质在低温射流供给系统前端或终端按一定比例混合后冲刷切削区的一种混合式冷却润滑切削技术。目前，有代表性的低温复合冷却润滑切削包括低温+微量润滑切削、低温+静电切削、低温+气动水雾切削、低温+纳米粒子射流切削、低温+乙醇-酯油混合剂射流切削，以及低温+多种冷却润滑方式混合条件下的切削等。低温复合冷却润滑切削能够在保证切削环境安全可控的同时，实现延长刀具寿命和提升零件加工质量的多重目的，是实现加工环境、资源和生产和谐发展的有效途径之一。现有研究表明，低温复合冷却润滑切削技术既能够充分利用切削介质对切削区的低温冷却作用，又能够充分利用切削介质对刀-工件接触区的减磨润滑作用。表5-3所列为不同冷却润滑方式加工工件的效果对比，由表可知，低温复合冷却润滑切削在冷却润滑效果与产品表面完整性提升等方面有着显著优势。

表5-3 不同冷却润滑方式加工工件的效果对比

	冷却润滑方式	切削液（乳化液/油基）	干式切削（压缩空气）	MQL切削（油）	超低温切削（液氮）	复合切削（液氮+MQL）
主要	冷却	好	差	一般	极好	极好
	润滑	极好	差	极好	一般	极好
	切屑去除	好	好	一般	好	好
次要	机器冷却	好	差	差	一般	一般
	工件冷却	好	差	差	好	好
	灰尘/颗粒的控制	好	差	一般	一般	好
	产品表面完整性	好	差	一般	极好	极好
可持续问题		污水、高消耗、微生物污染	热损伤导致表面质量变差	产生少量有害油气	成本高	产生少量有害油气

5.4.2 低温切削加工装备

低温切削技术经过多年发展，有效促进了低温切削功能部件与装备的研发及工程应用。根据低温介质供给方式的不同，低温切削功能部件与装备主要分为低温风冷切削装置、超低温射流供给装置和低温复合冷却润滑装置。

1. 低温风冷切削装置

低温风冷切削是将压缩空气温度降低到-60～-40℃，借助冷风为刀具和工件的切削区实施冷却、润滑和排屑的切削加工方法。低温风冷切削工作原理和低温风冷切削设备分别如图5-18和图5-19所示。

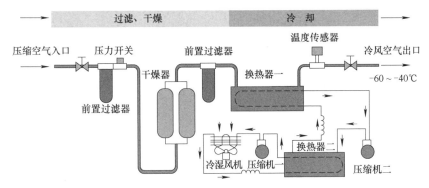

日本 Yasada 公司的低温风冷切削加工中心采用在电机轴和刀杆轴的中心插入绝热风管的结构，设计出新型低温风冷切削装置，该装置使用-30℃的低温风冷直通切削刃，大幅改善了切削条件，有利于低温风冷切削加工工艺的实施。

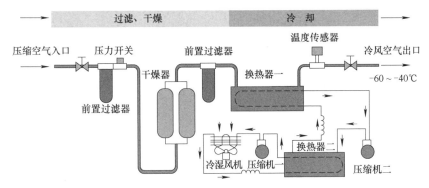

图 5-18　低温风冷切削工作原理

图 5-19　低温风冷切削设备

⫸ 2. 超低温射流供给装置

超低温射流供给装置是通过切削加工中向工件和刀具供给超低温冷风、喷雾和油滴的装置，一般通过两种方式实现：一是利用液氮作为冷源，通过喷嘴直接喷射切削区或通过转接刀柄实现内冷切削，射流温度约-195.8℃；二是利用高压液态二氧化碳的超临界特性，通过喷嘴直接喷射切削区或通过转接刀柄实现内冷切削，射流温度约-78.5℃。在液氮和液态二氧化碳供给装置方面，当前采用的方法主要为自增压液氮罐和自增压液态二氧化碳罐，如图 5-20 所示。

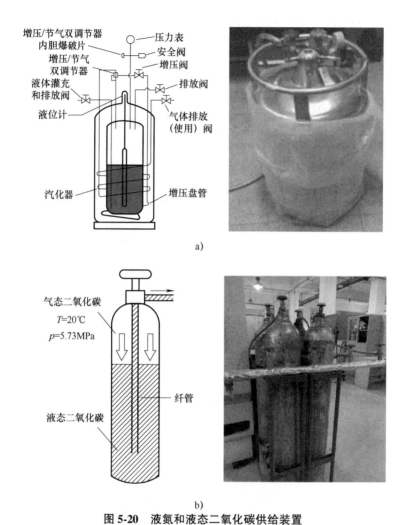

图 5-20　液氮和液态二氧化碳供给装置

a）自增压液氮罐原理与实物图　b）自增压液态二氧化碳罐原理与实物图

　　在进行超低温切削时，为了调控射流温度，可将液氮射流或液态二氧化碳射流直接喷射到切削区进行外冷切削，原理如图 5-21 所示。此外，为了实现对低温射流的持续供给，也可以将多瓶液态二氧化碳罐进行系统集成，利用称重法对液氮二氧化碳进行实时监控，及时更换，可以实现低温二氧化碳切削的工业应用，如图 5-22 所示。外冷切削可以满足一般零件的超低温切削需求，而对于带有深型腔的复杂结构零件，转接刀柄是实现超低温内冷切削的必要工具。南京航空航天大学何宁教授团队利用一般商品化非隔热普通转接刀柄，实现了液态二氧化碳超低温内冷切削，如图 5-23a 所示。而液氮超低温内冷切削则需要专门的隔热转接刀柄，图 5-23b 所示为大连理工大学研制的液氮超低温切削转接刀柄。

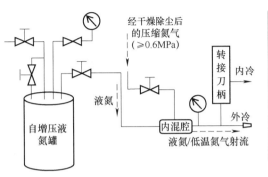
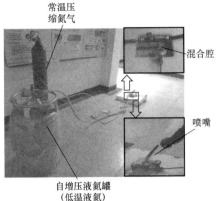

图 5-21 射流温度可调的低温射流供给系统原理与实物图

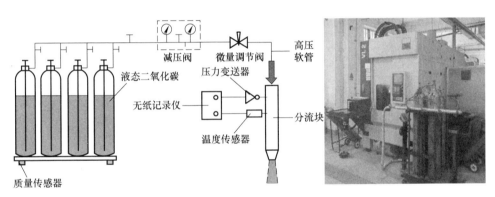

图 5-22 低温二氧化碳可持续供给系统原理与实物图

a) b)

图 5-23 超低温切削转接刀柄

a) 液态二氧化碳超低温切削转接刀柄 b) 液氮超低温切削转接刀柄

近年来, 美国 MAG 公司研发了以液氮为切削介质的超低温切削机床, 如图 5-24a 所示。该机床可以将液氮通过主轴-刀柄-刀具内冷系统输送到切削区,充分冷却切削区及刀片，刀具使用寿命可延长 10 倍。STARRAG 公司与 WALTER 公司则联合研发了一种以液态二氧化碳为切削介质的超低温切削机床，如图 5-24b 所示。该机床可将液态二氧化碳喷射到机床主轴、刀柄和刀具刃口，使设备的喷嘴处射流初始温度达到−73℃，达到低温切削的效果，试验结果对比表明，采用该机床，其加工效率提高了 70%，刀具寿命提高了 2 倍。我国也开展了超低温切削机床装备方面的研究，大连理工大学与上海航天设备制造总厂（上海航天 149 厂）通过对国产机床进行升级改造，联合研发了液氮内冷超低温切削机床，并投入航天关键零件生产应用，如图 5-24c 所示。

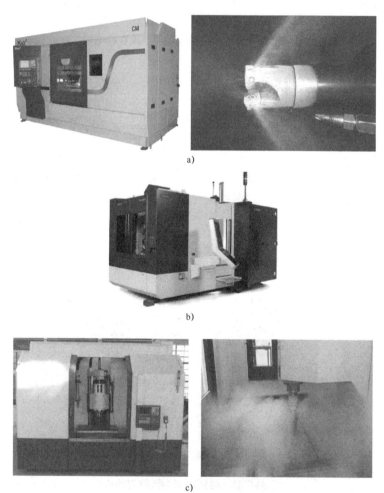

a)

b)

c)

图 5-24 国内外典型超低温切削机床

a）MAG 公司研发的液氮冷却超低温切削机床 b）STARRAG 公司与 WALTER 公司联合研发的液态二氧化碳冷却超低温切削机床 c）大连理工大学与上海航天 149 厂联合研发的液氮内冷超低温切削机床

3. 低温复合冷却润滑装置

在针对切削加工冷却润滑的长期探索过程中，研究人员发现将低温介质与润滑剂结合，切削性能会得到进一步提升，由此涌现出了多种低温复合冷却润滑技术与相应的装置。

南京航空航天大学何宁教授团队研制了一种复合式低温微量润滑装置，该装置采用半导体制冷和循环压缩制冷的复合制冷方法与微量润滑技术相结合，可以提供压力范围为 0.1~0.6MPa、温度范围为 -30~0℃ 的低温油雾，且油雾的压力和温度均连续可调。其工作原理如图 5-25 所示，由图可知，该装置工作时，循环压缩制冷系统中的冷却水箱将水提供给气体热交换器和半导体散热器，整流电源将 220V 交流电转变为低压直流电供给半导体制冷器。首先，压缩气体经过滤、干燥后进入气体热交换器，与冷水热交换后降低温度。然后，降温后的气体进入半导体制冷器中，半导体热电堆冷端吸收压缩气体的热量，进一步降低压缩气体的温度。而半导体热电堆冷端吸收的热量，经珀尔帖效应移至其热端，再由水泵送水到散热器中，由冷水带走热量。降温后的压缩气体与微量油供给系统供给的微量润滑油混合雾化后，以一定的压力经喷嘴喷射至切削区，达到冷却和润滑切削区的目的。

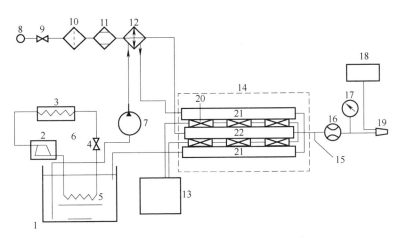

图 5-25　复合式低温微量润滑装置结构示意图

1—冷却水箱　2—压缩机　3—冷凝器　4—膨胀阀　5—蒸发器　6—循环压缩制冷系统　7—水泵
8—气管　9—截止阀　10—过滤器　11—气体干燥器　12—气体热交换器　13—整流电源
14—半导体制冷器　15—保温管　16—流量计　17—压力表　18—微量油供给系统
19—喷嘴　20—半导体热电堆　21—半导体散热器　22—冷却器

另外，该团队还研制出一种干冰–乙醇–酯油混合剂供给系统（图 5-26）该系统由三明治结构不锈钢耐压隔热罐、近顶压缩空气入口、近底钎管以及压力表等构成。使用时，首先将一定比例的干冰、乙醇、酯油按顺序置入容器中，然后封闭并使其充分混合形成低温混合冷却剂，最后接通压缩气体，则干冰–乙醇–酯油混合剂可定压、定量通过射流管路喷射至切削区。

图 5-26　干冰–乙醇–酯油混合剂供给系统

5.4.3　低温切削加工典型应用案例分析

南京航空航天大学的何宁教授团队开展了航空 PH13-8Mo 不锈钢典型零件低温微量润滑复合切削加工工艺测试分析研究。低温微量润滑复合切削加工航空 PH13-8Mo 不锈钢典型零件，其加工对象是枭龙飞机 PH13-8Mo 不锈钢框、梁类零件，如图 5-27 所示。加工刀具为 TiN-TiC-TiN 涂层硬质合金刀具，温度范围为 −30 ~ −26℃，射流压力为 0.6MPa，润滑油用量为 30mL/h。

表 5-4 所列为加工效率对比，即应用低温微量润滑技术与原润滑冷却工艺的加工占机时间对比情况，由于部分精加工切削速度由原来的 80 ~ 100m/min 提高至 180m/min，零件加工时间缩减 20% 以上。表 5-5 所列为刀具消耗费用对比，即应用低温微量润滑技术与原润滑冷却工艺的加工刀具消耗费用情况。由表 5-4、表 5-5 可知，节省加工时间 20% 以上，刀具消耗费用降低 20% 以上，故采用低温微量润滑切削技术，可以显著提升加工效率和降低刀具成本。

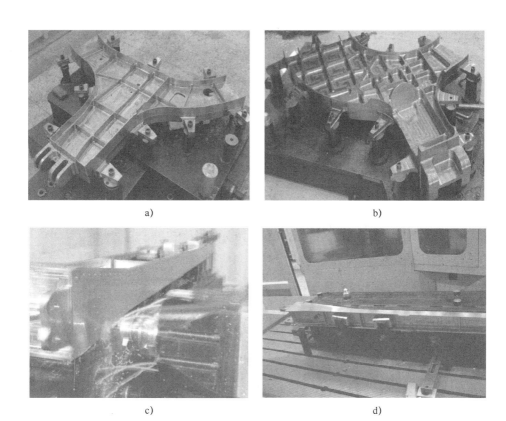

图 5-27　航空典型难加工材料零件（PH13-8Mo）

a）04041-1 框　b）04051-1 框　c）20202-31 梁　d）20202-51 梁

表 5-4　加工效率对比

零件图号	零件名称	占机时间/h		节约时间百分数
		原润滑冷却工艺	低温微量润滑技术	
04041-1A-Y	9040 框下半框	663	509	23.22%
04041-1A-Z	9040 框下半框	663	509	23.22%
04051-1A-Y	10070 框接头	641	497	22.46%
04051-1A-Z	10070 框接头	641	497	22.46%
20202-31A-Y	主梁	468	363	22.44%
20202-31A-Z	主梁	468	363	22.44%
20202-51A-Y	后梁内段	639	502	21.44%
20202-51A-Z	后梁内段	639	502	21.44%
合计		4822	3742	22.40%

表 5-5　刀具消耗费用对比

零件图号	零件名称	刀具消耗费用（元）		节约费用百分数
		原润滑冷却工艺	低温微量润滑技术	
04041-1A	9040 框下半框	132581	102925	22.37%
04051-1A	10070 框接头	95070	74506	21.63%
20202-31A	主梁	61378	49059	20.07%
20202-51A	后梁内段	71511	56458	21.05%
合计		360540	282948	21.52%

5.5　射流强化改性微纳加工工艺与装备

5.5.1　射流强化改性微纳加工技术原理

射流强化改性微纳加工技术是集磨粒微切削、超声强化、弹塑性变形、射流研磨、固液相摩擦化学效应等多种方法于一体的抗疲劳、抗腐蚀、抗磨损的高性能绿色制造的新技术。该技术的应用可衍生出高性能绿色制造发展的新模式，有助于推动国家"碳达峰、碳中和"目标的实现。

1. 射流强化改性微纳加工原理

射流强化改性微纳加工原理如图 5-28 所示，通过设置频率为 $20\sim60kHz$ 的超声射流发生装置，将包含固相磨粒、化学强化液、改性液、高压气体等在内的多相混合流以 $100\sim300m/s$ 的瞬时速度和 $15°\sim75°$ 的入射角，对工件表层进行 $40\sim80MPa$ 的高速覆盖性射流处理。由于包含铬镍合金和硅钛合金的多相射流磨料与工件表层接触区产生具有高度集中压力分布、能量梯度及压强密度的随机瞬态撞击及激波应力冲击，进而实现微观-介观尺度上的研磨切削和微碰撞，使得加工工件材料表面与外界环境紧密接触的界面层微观形貌产生包括弹塑性变形、瞬态剪切、微观碎裂等连续性结构演变，获得低表面粗糙度值和尺寸形状高精度及其一致性效果。在加工过程中，通过对射流研磨（多相流组成、流型特性、压力场、超声频域、速度场、温度场、固液相化学反应等）进行 $100\sim120$ 帧/s 的激光多普勒测速（LDA）数据高频采样扫描，设置振动应变精密测量阵列，对射流撞击切削过程中的激波振动信号、应力平面分布及其瞬态变化规律进行实时监测。结合法向、切向约束和温变特性的表层射流微切削模型，研制集"高速微切削-显微观测-红外测温"的试验装置，在形性协同控制的正交磨削试验基础上，通过红外测温的方式检测瞬时切削温度场，实施微观撞击切削力分布及测点应变监测，并利用多状态参数嵌入式光纤光栅实时监测射流磨粒瞬态运动切削误差。

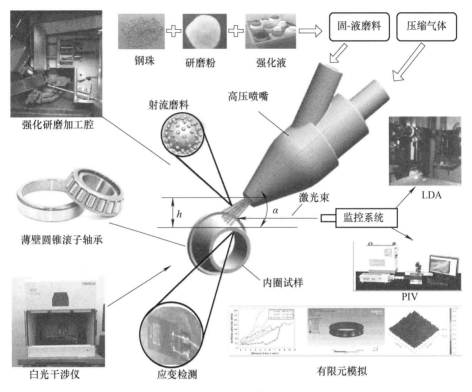

图 5-28　射流强化改性微纳加工原理

⟫ 2. 强化改性液配方设计

在射流强化改性微纳加工工艺过程中，强化改性液承担着与加工表面接触产生摩擦化学效应，进而形成氮-金属络合强化改性层的任务，从而有效提高轴承滚道表面纹理结构的减摩抗磨性能和承载能力。强化改性液配制如图 5-29 所示，其由多种化学原料按照一定比例配置而成，包括咪唑啉硼酸酯、烷基酚聚氧乙烯醚、苯并三氮唑、钛镍钴粉末、烷基磺酸钠、聚氧乙烯烷基醚、磷酸三丁酯、水基极压添加剂等，按照表 5-6 所列具体配方比例配制，并经过恒温水浴和均匀搅拌形成强化改性液。其在喷射过程中，经过化学内聚机理在工件表面形成极性物理与化学吸附，结合射流撞击过程中快速去除被加工工件表面的防锈润滑油膜，有利于高速喷射磨料直接与工件表面接触，从而提高微切削效率和硬化效率；另外，其所带来的冷却润滑效应，可带走瞬态包络磨削过程中产生的摩擦切削热，防止加工工件表面细微热变形及热应力，从而提高加工精度；强化改性液在加工过程中与工件表面发生细微摩擦化学效应，有利于在合金加工表面形成强化改性化学膜以及表面织构层，为合金材料表层提供强化保护层。

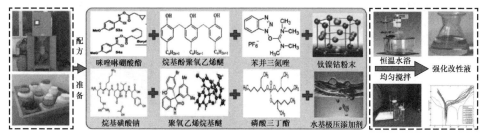

图 5-29　强化改性液配制

表 5-6　强化液配方参数

配　方　成　分	比例（%）
咪唑啉硼酸酯	15～25
烷基酚聚氧乙烯醚	10～15
苯并三氮唑	4～6
钛镍钴粉末	3～5
烷基磺酸钠	0.3～0.8
聚氧乙烯烷基醚	0.1～0.3
磷酸三丁酯	0.2～0.5
水基极压添加剂	46.7～66.5

▶▶ 3. 射流强化改性微纳加工工艺

在完成强化改性液配制的基础上，广州大学广东省强化研磨高性能微纳加工工程技术研究中心梁忠伟教授团队开展了射流强化改性微纳加工工艺研究，其工艺路线如图 5-30 所示，工艺参数见表 5-7。按照表 5-7 所列工艺参数进行样件试加工，在试加工过程中，结合射流加工参数实时检验，对加工质量过程进行跟踪检测，具体涵盖 SEM 形貌、显微硬度、金相组织、盐雾腐蚀、TEM 射线衍射、抗冲击效能、耐磨损性能等各个方面。在此过程中，建立 RSAE-ANFIS 模糊网络，进行加工过程大数据的信息决策及反馈修正。若不符合预定指标要求，则对装夹工件的工艺参数进行调整，直至所需指标；若符合预定指标要求，则进行射流强化改性微纳加工处理环节。完成射流强化研磨工艺过程后，进行工件的加工效果对比验证，符合质量要求的工件将进行清洗烘干并进入成品性能检测环节，直至最终完成总体质量过关及成套包装入库。

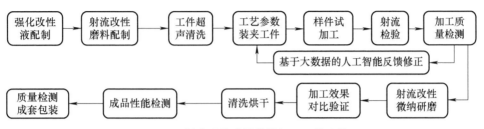

图 5-30　射流强化改性微纳加工工艺路线

表 5-7　射流强化改性微纳加工工艺参数

工 艺 参 数	数　值
射流压力/MPa	40~80
靶射距离/mm	30~50
超声频率/kHz	20~60
入射角/ (°)	15~75
磨料进给速率/ (kg/min)	0.4~0.8
强化液进给速率/ (kg/min)	5.5~8.5
横向进给速度/ (mm/min)	30~60
射流喷嘴直径/mm	0.5~0.8
磨料直径/μm	150~300
进给深度/mm	1.0~2.5
工作环境温度/℃	-15~60
数据采样时间间隔/μs	30~90
铬镍合金磨料质量/g	100~300
轴承钢磨料质量/g	160~360
硅钛合金磨料质量/g	200~400

5.5.2　射流强化改性微纳加工装备

图 5-31 所示为射流强化改性微纳加工高性能轴承装备结构示意图。该装备克服了传统切削、磨削和表面强化等加工技术因表面强度、硬度不够易变形和

磨损致使精度保持性低等缺陷，通过磨料耦合冲击与滑擦工件产生有利于减磨、增摩的表层微织构（油囊、纹理），形成有利于延长寿命的高残余压应力和高变形速率所产生的纳米强化及化学渗透强化，避免了耐磨性差、易丧失精度等弊端。图 5-32 所示为射流强化改性微纳加工（成套）装备产品。

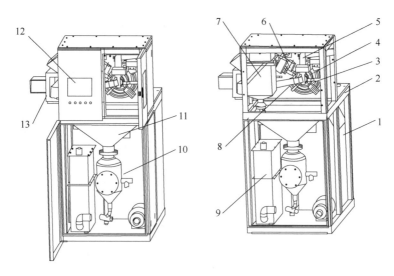

图 5-31　射流强化改性微纳加工高性能轴承装备结构示意图

1—氮气供应装置　2—支架　3—无心夹具　4—定位工件　5—轴承（套圈）上料机构

6—强化研磨料喷射装置　7—强化研磨料补充装置　8—轴承（套圈）下料装置

9—废气过滤装置　10—储料罐　11—强化研磨料收集料斗

12—设备操控面板　13—轴承（套圈）退磁装置

图 5-32　射流强化改性微纳加工（成套）装备产品

以射流强化改性微纳加工机床主轴轴承为例，对国内外同类产品做对比分析，见表 5-8。由表可知，采用该装备加工制备的机床主轴轴承，在传动精度、工况振动等指标上有明显变化。

表 5-8　经射流强化改性微纳加工后机床主轴轴承主要性能参数对比

性能参数	国内同类产品 C&U、LYC、HRB	国外同类产品 SKF、FAG、NSK	研发技术 DSG-25-100	研发技术与项目指标对比
额定转矩/N·m	84	87	90	↑8.20%
平均输入转速/（r/min）	3500	3500	3700	↑10.50%
传动精度/（"）	90	60（特殊品30）	40	↑120.00%
滞后损失/（"）	90	60	60	↓50.00%
工况振动/（m/s²）	≤5.0	≤4.0	≤2.8	↓78.60%
加工表层硬度　HRC	61.5~62.5	63~65.5	67.8	↑8.50%
表面粗糙度 Ra/μm	0.40~0.80	0.100~0.450	0.050~0.200	↓75.00%
残余压应力/MPa	−870~−660	−1000~−760	−1470~−800	↑120.00%
强化层深度/μm	40~70	70~90	≥100	↑150.00%
富氮化学膜含量（%）	0.8~1.2	1.6~1.9	≥2.3	↑180.00%
压力补偿精度（%）	70~78	82~88	85~92	↑30.50%

5.5.3　射流强化改性微纳加工典型应用案例分析

针对工业机器人精密减速器高性能轴承加工技术瓶颈，以及对新一代耐高温、耐腐蚀、高强韧 X-30 及 CSS-42L 轴承高性能制造加工技术的需求，广州大学广东省强化研磨高性能微纳加工工程技术研究中心梁忠伟教授团队提出了射流强化微纳加工新思路，并研制了轴承离心式强化研磨超精加工磨床，有效消除了原有减速器轴承套圈和滚动体的金属疲劳，使晶粒细化、致密，突破了表面完整性、轻量化、安全性、可靠性等方面的技术难点，提高了组织力学性能，优化修复了表面微观缺陷，使各项性能达到高端装备质量标准要求，如图 5-33 所示。加工后的轴承精度达到 P2 级，加速疲劳试验寿命≥12000h，室温硬度≥58HRC，在 pH 值为 3.5±0.5 的酸性盐雾环境下，耐盐雾≥1000h，耐腐蚀等级达 5 级。该技术已成功应用于航天超声电机主轴轴承、精密转子和定子结构等关键核心零部件表层强化改性，表层硬度提高约 28%，达 933.1HV（67.8HRC）以上，精度等级提升 45%，残余压应力达 800~1470MPa，整机可靠运行寿命提升 230%~350%，传动效率提升 82%，降低材料去除损耗 16.6%，减少污染排放 13.8%，提高循环利用率 16%。

广州大学广东省强化研磨高性能微纳加工工程技术研究中心梁忠伟教授团队参与研制的 JYKT、KRBPF、KRBPH 等系列轮毂（图 5-34），经过射流强化改性微纳加工处理后，在高速（≥20000 r/min）、重载（≥10kN）状态下，轮毂寿命提升 30%~50%，接触应力≤2500MPa，正常运行温度达 600℃ 以上，实现轨道交通车辆轮毂材料—结构—组织—功能一体化的高性能制造。其接触表面质量提升 22.7%，硬度提高约 15.8%，达 880HV（66.4HRC）以上，表面粗糙度 Ra 达 0.050~0.200μm。在材料基体≥100μm 深度范围形成了均匀分布的高残余压应力（800~1470MPa）强化层。

图 5-33　工业机器人减速器轴承组件射流强化改性微纳加工

图 5-34　轨道交通车辆轮毂接触表面强化改性微纳加工

5.6　绿色切削加工发展趋势

未来，绿色切削加工将向超高速、超精密、超高性能、超常加工工艺、绿色节能等方向发展。

1）对加工的高速化要求越来越高。如直线电动机驱动主轴转速达到 15000~100000r/min。

2）精度不断提升已是行业发展的主旋律。汽车轻量化、航空薄壁复杂铝/镁合金铸件加工等对铸件尺寸精度控制需求越来越高，超精密加工中心精度已实现纳米级。

3）向高性能加快升级，整机呈现多轴联动等特征，深空、深海探测等亟需具备在真空、超低温、强电磁、高水压等特种环境下工作的高性能加工成形装备。

4）超常形态加工成形需求越发迫切。航空、舰船、核电领域超大部件、超难变形材料的创新应用，推动极大、极难加工成形工艺不断发展；MEMS等微尺寸精密构件、植入性微电子器械等不断推动极小、超常规加工成形工艺的创新发展。

持续开展高端机床与基础装备正向设计技术、超高速超精密加工技术、装备可靠性与性能验证技术、制造工艺与关键装备一体化技术、多工艺/多材料复合制造技术、高端装备系统成套技术、数字化/网络化/智能化/绿色化制造技术、国际前沿技术跟踪预测以及标准的制定和修订等关键共性技术攻关。具体表现为：

（1）设计加工制造一体化、轻量化　面向产品全生命周期、具有丰富设计知识库、材料基因库、工艺数据库和模拟仿真技术支持的数字化、智能化设计系统进入设计过程中，可在虚拟的数字环境里并行、协同实现产品的全数字化设计，如高端机床轻量化设计及制造技术与装备、轻量化设计技术与系统、金属和高分子材料一体复合加工机床设计、金属和陶瓷材料复合加工机床设计等。同时，传感技术的进步便于在加工过程和使用过程中对产品的各类数据进行采集，分析处理后直接反馈作用于产品设计阶段，设计参数根据加工、使用参数进行自动调整，实现设计加工过程一体化。需要开展五轴及以上高档数控机床运动学仿真建模技术、数字化仿真设计、智能化设计、优化设计和正向设计技术研究。通过设计加工制造一体化，使制造更有效率、更加节能、更加绿色化。

（2）切削加工工艺高效化、绿色化　为满足加工工艺及设备绿色化、节能降耗、可持续发展的需求，需要加强机床结构设计和制造流程的优化创新，开展绿色机床床身结构优化技术、少/无切削液加工技术、加工过程中能耗监测及自动调整技术、高寿命转动部件及刀具等。机床装备绿色化发展，从制造工艺全流程出发，进行工艺流程的绿色化重塑和典型绿色化装备的开发，实现制造工艺流程的节能降耗节材等，已成为制造工艺装备的重点发展方向。低温切削加工技术虽能够在一定程度上改善干式切削的缺陷，但依然存在刀具与工件材料润滑性较差的问题。将低温切削加工技术与微量润滑技术相结合，进一步发展低温微量润滑切削技术。以射流强化改性微纳加工技术为代表的高性能制造方式，未来将向着绿色高效、节材优质、清洁安全、低耗节能等方向发展。加工刀具高性能化，要实现高效加工、绿色制造，需要进一步开发更高强度、更高硬度、耐冲击和耐高温的刀具。要实现干式切削加工，需要开发适合干式切削加工的刀具。刀具在切削加工过程中，要承受很大的压力，同时由于切削时产生的金属塑性变形以及在无切削液的情况下刀具、切屑、工件相互接触表面间产生的强烈摩擦，使刀具切削刃上产生极高的温度并受到很大的应力，在这样的条件下，刀具将迅速磨损或破损，因此未来需要进一步开发高性能的刀具，开发高强度、高硬度、耐冲击和耐高温的刀具材料，同时研究涂层技术，在刀具表面涂覆具有润滑特性、耐磨、耐高温的表面涂层，以减少刀具与切屑和工件表面之间的摩擦。干式切削由于缺少切削液的润滑、冷却、冲洗和排屑断屑等功能，未来需对刀具的排屑槽结构进行优化设计，以保证排屑流畅、散热迅速，进而提高加工质量、延长刀具寿命。

（3）加工过程复合化、智能化　面向未来发展，加工过程的自动化编程、仿真优化、数字化控制、加工状态实时监测、误差自动补偿与自适应控制、网络化制造等数字化智能化技术将广泛应用于数控加工装备，使其实现自运行和自调整。智能化制造装备包括：高效加工与成形制造工艺智能化技术与系统，工艺智能化数据库，基于大数据与智能传感器的工艺感知、性能预测、智能运行可控和主动维护技术的制造装备，大数据、云计算与制造知识挖掘和集成应用的制造装备，装备自诊断与自修复的制造装备。通过标准化的开放型软硬接口，可使多台制造装备之间、制造装备与上下料机构、物流系统等企业内外设备之间实现互联互通，促使更高性能的智能制造单元、柔性生产线等产生，设备、生产线、车间和工厂进入智能化时代，人机共融的机器人技术将使生产过程更加灵活、高效、安全。在线感知技术通过实时采集生产过程中的数据，将生产流程中的信息转变为可供处理的数字化信息和模型，实现了网络实时监控和自主调节，逐步达到柔性化生产、精细化管理，设备、车间和工厂实现少人化、无人化生产和绿色化。在切削加工过程复合化方面，柔性复合加工成形技术是集多种工艺于一体的制造技术，能在缩短加工周期、降低加工成本的同时，提高零件的成品率和成品质量。它主要包括冷加工与智能制造技术的融合，光、机、电等多种加工手段相结合，以及检测、物流、装配过程集成融合。在机械制造领域，柔性复合成形工艺技术有助于实现短流程制造，从而有效地实现节能、降耗，是制造工艺未来的重点发展方向之一。在激光、电弧、电子束、等离子、电磁复合方面，通过与磁流变、激光、超声、离子束等多能场技术手段不断深度交叉融合，着力突破微流体驱动力学、多相射流加工、加工硬化行为、微观摩擦学、固液相化学反应、控形控性等方面的关键瓶颈。从而更进一步提升关键核心零部件的适用范围和性能质量，促进高端装备绿色制造产品的市场竞争力。

（4）增材–减材制造一体化、功能化　增材制造（3D 打印）是通过 CAD 设计数据，全程由计算机控制将材料逐层累加制造三维实体零件的技术，是在数字和网络环境下的一种新型制造技术，是实现创新设计、个性化产品定制、网络协同生产及服务的重要途径。多工艺复合、增减材复合，从传统的增材制造、减材加工工艺独立装备向以增减材一体化复合方向发展。

1）需要研究多工艺复合增材制造技术，增材/减材复合制造技术通过增材/减材复合制造实现难加工部位的高精度和低表面粗糙度值制造。

2）通过多能束或多能场协同复合增材制造，形成兼顾高效率、高精度和低成本的最优制造技术途径。

3）多材料复合，从传统加工单一材料的机床向多种材料复合加工机床方向发展。研究以实现声、光、电、磁、热等功能性效用为目标的多材料复合增材制造技术，从而以实现与复杂工况条件高度匹配的最佳材质分布为目标的分区域变材料增材制造技术。

4）构建包含设计、工艺、装备、检测与质量控制标准和规范体系的成套智能化复合增材制造技术体系，以便更好地在航空航天、机械装备等重点制造领域推广应用。

参 考 文 献

［1］任凡. 机械加工车间环境影响分析及粉尘特性研究［D］. 重庆：重庆大学，2010.

［2］陈京平. 面向机械加工工艺规划的绿色制造技术研究［D］. 南昌：南昌大学，2010.

［3］李建明. 液氮冷却车削高温合金 Inconel 718 材料去除机理研究［D］. 济南：济南大学，2020.

［4］李冬茹. 中国绿色制造技术发展与展望［C］. 苏州：2014 年绿色制造国际论坛，2014.

［5］姜威. 绿色制造技术创新体系建设研究［J］. 科技创业月刊，2019，32（7）：3-6.

［6］陈永鹏. 高速干切滚齿多刃断续切削空间成形模型及其基础应用研究［D］. 重庆：重庆大学，2015.

［7］王章勇. 少无冷却液切削加工方法的集成应用研究［D］. 武汉：武汉科技大学，2009.

［8］朱利斌. 高速干切滚齿机床多参量热平衡控制模型及热变形误差补偿［D］. 重庆：重庆大学，2017.

［9］李隆. 基于振动的大型螺纹旋风铣削建模与工艺试验研究［D］. 南京：南京理工大学，2013.

[10] 韩舒. 基于微量润滑技术的涂层刀具高速切削钛合金性能研究 [D]. 上海: 上海交通大学, 2011.

[11] 汇专科技集团. 超声精密加工中心赋能硬脆性材料加工 [J]. 现代制造, 2021 (1): 11.

[12] 兆晖. 高压冷却下 PCBN 刀具切削高温合金表面完整性研究 [D]. 哈尔滨: 哈尔滨理工大学, 2018.

[13] 冯之敬. 机械制造工程原理 [M]. 北京: 清华大学出版社, 2008.

[14] SREEJITH P S, NGOI B K A. Dry machining: Machining of the future [J]. Journal of Materials Processing Technology, 2000, 101 (1-3): 287-291.

[15] 袁松梅, 朱光远, 王莉. 绿色切削微量润滑技术润滑剂特性研究进展 [J]. 机械工程学报, 2017, 53 (17): 131-140.

[16] 严鲁涛. 低温微量润滑切削技术作用机理及试验研究 [D]. 北京: 北京航空航天大学, 2011.

[17] DHAR N R, AHMED M T, ISLAM S. An experimental investigation on effect of minimum quantity lubrication in machining AISI 1040 steel [J]. International Journal of Machine Tools and Manufacture, 2007, 47 (5): 748-753.

[18] KHAN M, MITHU M, DHAR N R. Effects of minimum quantity lubrication on turning AISI 9310 alloy steel using vegetable oil-based cutting fluid [J]. Journal of Materials Processing Technology, 2009, 209 (15-16): 5573-5583.

[19] JU C X. Development of particulate imaging systems and their application in the study of cutting fluid mist formation and minimum quantity lubrication [D]. Houghton: Michigan Technological University, 2005.

[20] HEINEMANN R, HINDUJA S, BARROW G, et al. Effect of MQL on the tool life of small twist drills in deep-hole drilling [J]. International Journal of Machine Tools and Manufacture, 2006, 46 (1): 1-6.

[21] ZEILMANN R P, WEINGAERTNER W L. Analysis of temperature during drilling of Ti6Al4V with minimal quantity of lubricant [J]. Journal of Materials Processing Technology, 2006, 179 (1): 124-127.

[22] 袁松梅, 刘晓旭, 严鲁涛. 一种微量润滑系统: 200810118857.8 [P]. 2009-01-28.

[23] 于忠强. 空气雾化喷嘴雾化特性的实验研究 [D]. 大连: 大连理工大学, 2014.

[24] 袁松梅, 严鲁涛, 刘强. 一种微量润滑系统: CN101596688 [P]. 2009-12-09.

[25] HADAD M, SADEGHI B. Minimum quantity lubrication-MQL turning of AISI 4140 steel alloy [J]. Journal of Cleaner Production, 2013, 54 (9): 332-343.

[26] 储扬, 裴宏杰, 何娟娟, 等. 不同 MQL 安置方式对高速精密车削的影响研究 [J]. 机械设计与制造, 2014 (5): 211-214.

[27] 刘志峰, 张崇高, 任家隆. 干切削加工技术及应用 [M]. 北京: 机械工业出版

社，2005.

［28］单忠德，胡世辉．机械制造传统工艺绿色化［M］．北京：机械工业出版社，2013.

［29］曹华军，李先广，陈鹏．绿色高速干切滚齿工艺理论与关键技术［M］．重庆：重庆大学出版社，2016.

［30］KLOCKE F, EISENBLATTER G. Dry cutting［J］. Annals of the CIRP, 1997, 46（2）：519-526.

［31］熊楚杨，陈五一．关于 Salomon 假设的研究综述［J］．航天制造技术，2007（6）：6-10.

［32］GOINDI G S, SARKAR P. Dry machining：a step towards sustainable machining-challenges and future directions［J］. Journal of Cleaner Production, 2017, 165：1557-1571.

［33］ZHU L, CAO H, HUANG H, et al. Exergy analysis and multi-objective optimization of air cooling system for dry machining［J］. The International Journal of Advanced Manufacturing Technology, 2017, 93（9）：3175-3188.

［34］朱利斌，曹华军，黄海鸿，等．干切削机床压缩空气冷却系统热力学模型及热平衡调控方法［J］．机械工程学报，2019, 5（55）：204-211.

［35］苏宇，新型低温 MQL 装置的研制与难加工材料低温高速切削机理研究［D］．南京：南京航空航天大学，2007.

［36］UEHARA K, KUMAGAL S. Chip formation, surface roughness and cutting force in cryogenic machining［J］. Annalsthe of the CIRP, 1968, 17（1）：409-416.

［37］汤铭权．切削难加工材料的有效方法：低温切削技术［J］．江苏机械，1987, 4（6）：2-5.

［38］JAWAHIR I S, ATTIA H, BIERMANN D, et al. Cryogenic manufacturing processes［J］. CIRP Annals, 2016, 65（2）：713-736.

［39］李新龙．基于低温氮气和微量润滑技术的钛合金高速铣削技术研究［D］．南京：南京航空航天大学，2004.

［40］杨德一，张孝华，孙志建．切削加工技术的发展趋势［J］．机械，2008, 35（5）：1-3.

［41］赵威．基于绿色切削的钛合金高速切削机理研究［D］．南京：南京航空航天大学，2006.

［42］陈冲．低温内冷切削装置设计与试验研究［D］．南京：南京航空航天大学，2015.

［43］齐向东．干冰低温铣削 TC4 钛合金的试验研究［D］．南京：南京航空航天大学，2017.

［44］肖虎．液氮与干冰的 TC4 低温切削基础研究［D］．南京：南京航空航天大学，2017.

［45］许清．难加工材料超低温加工冷却系统设计与切削试验研究［D］．南京：南京航空航天大学，2018.

［46］舒磊．碳纤维增强复合材料低温铣削基础试验研究［D］．南京：南京航空航天大学，2020.

［47］苏文佳．钛合金低温力学性能与低温铣削基础试验研究［D］．南京：南京航空航天大学，2021.

［48］ 王彤辉 . T800 碳纤维复合材料低温铣削基础试验研究［D］. 南京：南京航空航天大学，2021.

［49］ 吴雄彪，黄庆华 . 低温喷雾射流冷却高速铣削钛合金加工性能研究［J］. 机械制造，2010，48（8）：52-55.

［50］ MUHAMMAD J. 干冰混合冷却润滑的铣削基础研究［D］. 南京：南京航空航天大学，2021.

［51］ LIANG Z, LIU X , XIONG J , et al. Water allocation and integrative management of precision irrigation：a systematic review［J］. Water, 2020, 12（11）：3135.

［52］ LIANG Z, XIE B, LIAO S, et al. Concentration degree prediction of AWJ grinding effectiveness based on turbulence characteristics and the improved ANFIS［J］. International Journal of Advanced Manufacturing Technology, 2015, 80（5-8）：887-905.

［53］ LIANG Z W, LIU X C, YE B Y. et al. Performance investigation of fitting algorithms in surface micro-topography grinding processes based on multi- dimensional fuzzy relation set［J］, International Journal of Advanced Manufacturing Technology, 2013, 67（7）：2779- 2798.

［54］ LIANG Z W, TAN S S, LIAO S P, et al. Component parameter optimization of strengthen waterjet grinding slurry with the orthogonal experiment design based ANFIS［J］. International Journal of Advanced Manufacturing Technology, 2016, 90（1-4）：1-25.

［55］ LIANG Z W, LIU X C, WEN G L, et al. Effectiveness prediction of abrasive jetting stream from accelerator tank using NSAE-ANFIS［J］. Proc IMechE Part B：International Journal of Precision Engineering and Manufacturing, 2020, 230（8）：211- 229.

［56］ LIANG Z, LIU X, XIAO J, et al. Adaptive prediction of abrasive impacting pressure effectiveness in strengthen jet grinding using NSAE-ANFIS［J］. The International Journal of Advanced Manufacturing Technology, 2020, 106（7-8）：2805-2828.

［57］ LIANG Z W, YE B Y. Three-dimensional fuzzy influence analysis of fitting algorithms on integrated chip topographic modeling［J］. Journal of Materials Science and Technology, 2012, 26（10）：3177-3191.

［58］ LIANG Z, LIU X, WEN G, et al. Influence analysis of sprinkler irrigation effectiveness using ANFIS［J］. International Journal of Agricultural and Biological Engineering, 2019, 12（5）：135-148.

［59］ LIANG Z , LIU X , ZOU T, et al. Adaptive prediction of water droplet infiltration effectiveness of sprinkler irrigation using regularized sparse autoencoder adaptive network-based fuzzy inference system［J］. Water, 2021, 13（6）：791.

［60］ 康亚琴. 静电冷却干式切削装置的设计研究［D］. 沈阳：沈阳航空工业学院，2007.

［61］ 胡世军 . 干式切削加工中刀具的选择［J］. 机械设计与制造，2003（6）：101-102.

［62］ 肖寿仁，谢世坤，桂国庆，等 . 绿色切削加工技术的研究及其应用［J］. 煤矿机械，2006（12）：101-103.

[63] 周济. 制造业数字化智能化 [J]. 中国机械工程, 2012, 23 (20): 2395-2400.

[64] 周济. 智能制造——"中国制造2025"的主攻方向 [J]. 中国机械工程, 2015, 26 (17): 2273-2284.

[65] 李培根. 李培根院士: 东莞智能装备产业发展 [J]. 广东科技, 2016, 25 (17): 11-15.

[66] 韩龙宝, 关若曦, 范容杉. 以智能制造推动装备制造企业内涵式发展 [J]. 国防科技工业, 2019 (2): 24-26.

[67] 王志浩. 气泡雾化喷嘴内部流场分析及MQL切削试验研究 [D]. 西安: 西安理工大学, 2010.